藏獒养殖技术一本通

钱存忠　主编

中国农业科学技术出版社

图书在版编目（CIP）数据

藏獒养殖技术一本通 / 钱存忠主编. —北京：中国农业科学技术出版社，2014.4

ISBN 978 - 7 - 5116 - 1533 - 6

Ⅰ. ①藏…　Ⅱ. ①钱…　Ⅲ. ①犬 - 驯养　Ⅳ. ①S829.2

中国版本图书馆 CIP 数据核字（2014）第 005399 号

责任编辑　张国锋
责任校对　贾晓红

出 版 者　中国农业科学技术出版社
北京市中关村南大街 12 号　邮编：100081
电　　话　(010)82106636(编辑室)　(010)82109702(发行部)
(010)82109709(读者服务部)
传　　真　(010)82106631
网　　址　http://www.castp.cn
经 销 者　各地新华书店
印 刷 者　北京富泰印刷有限责任公司
开　　本　880mm×1 230mm　1/32
印　　张　6.5
字　　数　192 千字
版　　次　2014 年 4 月第 1 版　2014 年 4 月第 1 次印刷
定　　价　20.00 元

版权所有 · 翻印必究

编写人员名单

主　　编　钱存忠

副 主 编　刘芫溪

参编人员　（按姓氏笔画排序）

王映红　龙　海　刘永旺　刘芫溪

员　军　陈佳声　赵艳兵　桂　阳

钱　刚　钱存忠　钱晓嵩　徐雪萍

曹忠冠

前　　言

藏獒（Tibetan Mastiff）原产于我国的西藏青海等地，是全世界犬类中最古老和最原始的珍贵犬种，目前它的足迹已遍及全球。藏獒体大善斗、性格刚毅、野性尚存、耐寒怕热，对主人极其忠诚，也是世界上最凶猛善斗的大型名犬。藏獒是现今地球上唯一未被环境所改变，而顽强生存下来的犬种，是犬类中现存活下来最古老的活化石，其价值不能用金钱来衡量。在民间，对藏獒又流传着种种传说，人们称藏獒为“东方国宝”、“神犬”。

藏獒以其固有的品质、性能得到了世人的认可和重视，并为人类创造了新的财富，体现了藏獒在人类社会生活中固有的价值和地位。饲养藏獒已成为一种时尚，并逐步发展成有广阔前景的新型产业。但是，大批藏獒被直接贩运到我国内地后，因海拔、气候、光照、食物和栖息环境的剧烈变化，又缺乏科学的饲养管理和繁育技术，藏獒完全处于一种生理紊乱或应激状态，加之商业炒作和不规范的人为干预，使藏獒表现出一定的退行性。因此，无论处于怎样的目的或在什么地区，为了饲养和培育优良的藏獒，都应以保持和发展藏獒的适应性为核心，融藏獒体形外貌、体质类型、气质品味和社会鉴赏于一体，并据此采取科学严谨的饲养管理和繁育技术，实现对藏獒的科学培育。

本书内容涵盖藏獒的历史、起源与类群，藏獒的生物学以及行为学特征，藏獒的营养和饲料、饲养管理、繁育技术以及常见病的治疗等。本书突出了理论与实践的有机结合，内容丰富、新颖。希望本书能够对藏獒产业化发展的科研和生产起到作用，也为广大爱好者提供了解藏獒的全面知识。

因时间仓促、水平有限，不足之处在所难免，敬请广大读者批评指正。

编　者

2013 年 12 月

目　录

第一章　藏獒的历史与起源

第一节　藏獒的起源

1992 年的冬季，一个寒冷的夜晚，夜幕漆黑，四野茫茫，位于青藏高原海拔 4 000米的甘肃省甘南藏族自治州玛曲县阿万仓乡沉入了寂静的梦乡。这里是名犬“金豹”的家乡。金豹今年 8 岁了，当年的“草原王”已不能和“黄帅”、“风暴”这些小伙子一争高下了。但金豹是自豪的。回忆雄镇一方的青年时代，金豹以自己的勇猛无畏、熊风虎威慑服了无数的劲敌，也赢得了无数青睐。草原上常有狂风暴雨，凶豺恶狼，金豹从未有过懦弱与胆怯。今夜，金豹不能和主人一起依偎在充满牛粪火烟味和酥油飘香的帐篷中过夜，帐篷外的异响引起了金豹的警惕和不安，被称为“草原王”的金豹没有犹豫，默默向黑暗中走去。当金豹巡视山崖下的羊栏时，立即咆哮起来。5 只贪婪的恶狼正在肆无忌惮地咬着毫无抵抗力的羊群。金豹愤怒了，毫不畏惧地像一把红色的利剑，径直向一条正咬紧羊颈大吸羊血的公狼扑去，一口就咬住了公狼的咽喉。此时，愤怒似乎已使金豹失去了理智，愤怒更使金豹变成了雄狮。金豹以其强劲有力的脖颈将恶狼凌空甩起，狠狠地摔在巨石上，狼当即毙命。狼是集群狩猎和攻击的食肉动物，金豹的愤怒立即召来了群狼的攻击，几只恶狼一齐扑向金豹。金豹看准每只进攻的狼颈部，张开巨口，每攻必得。1 只母狼趁金豹用前肢压翻另 1 只恶狼，猛咬其腹时，突然偷袭金豹体侧。狼牙撕破了金豹的皮肉，但金豹没有胆怯，无所顾忌，在扯出肢下的狼肠后，才反转攻向母狼。金豹来势猛不可挡，母狼被撞翻后，尚未来得及扑起，就被金豹一口咬断了脖颈。金豹的咆哮惊醒了沉睡的主人，当主人匆忙来到羊栏时，金豹已遍体鳞伤，颈下和体侧的伤口各有 6 厘米多长，仍在流血，四周是歪扭斜躺的 5 条狼尸，金豹却异常平静地舔吮清理着流血的伤口。见到主人后，安详的目光中透出几分疲劳，几分自得，似乎在告诉主人，自己已尽职尽责。单犬战 5 狼的传奇从此传遍了青藏高原，传遍了玛曲草原。朴实、憨厚的藏族牧民每每谈起，仿佛自己就是金豹的主人。因为每只品质纯正的藏獒都能和金豹一样，勇敢，无畏，忠于职守，熊风虎威。千百年来勤劳的藏族牧民，在青藏高原独特的自然怀抱中，严格选择，辛勤培育了今天世界上最杰出的守护犬品种——藏獒。

自亚里士多德以后，几乎所有古老的作家，都认为藏獒由老虎和犬杂交形成，描述藏獒为凶恶、野蛮而不可控制的动物。

因地域辽阔，人口稀少，对外交通闭塞，獒犬便成了牧民的忠实伙伴和畜牧工作中的好助手。藏民又很喜爱獒犬，教义中禁止杀狗、食狗，因而使藏犬过着自由不拘的游荡生活。在这种特殊的条件下，这个原始的犬种，便不受外来干扰而长期生存下来。

关于藏獒的起源，众说纷纭。藏獒产于中国青藏高原海拔 3 000 ~5 000米的高寒地带，是世界公认的最古老、最稀有的犬种。藏獒，来自世界巅峰上的古老巨犬血脉，是极端条件孕育出的极端物种。有如人类文化适应不同环境的活见证，其相貌与民族文化是一样的多元和丰富。

研究藏獒的起源，首先应研究藏民族的起源。在藏獒的标准审议书中，当中提及藏獒血统来源还有少量历史介绍。藏獒起源于羌狗，从临兆仰韶文化就发现有狗骨，说明当时羌狗在羌族人民生活中占有重要的地位。藏民族并非在青藏高原土生土长，其前身应属羌族，而羌族是一个游牧民族，最早生活在黄河上游的甘、川、青交界的草原，他们随着水草而不断游牧。在牧区生活的野狗时常追随牧民，以病死的牛羊和小动物为食。后来羌族人开始驯化幼犬，经过驯化的犬可以对付其他猛兽，如野狼、狗熊、豹子的袭击和威胁，成为牧民的忠实伙伴。

第二节　藏獒的历史

我国考古学家在距今9000年的磁山文化遗址中发现了家犬的遗骨。上海曹楚才先生撰文，早在远古之时，我国先民已完成了对犬的驯化。并将各种犬分为3类：田犬、吠犬和食犬。处于母系氏族公社的伏羲之八卦，已将犬包括在艮卦之中，主张众民养六畜，即马、牛、羊、鸡、犬、猪。至商周时期，我国古代先民养犬已极为普遍，且颇具规模。周朝时掌管牲犬之官，称为犬人，其组织机构甚为完备。

藏獒由当时广泛居住和分布在青藏高原的少数民族（古羌人的不同部族，今藏民族的祖先）培育成功。据《尚书·旅獒篇》记载，周武王统一中国后，有西旅献獒。周武王的史记官员太保作旅獒篇："惟克商，遂通道于九夷，西旅底贡厥獒，太保乃作旅獒，用训于王，曰：呜呼！明王慎德，四夷咸宾，无有远迩，毕献方物……"这是最早有关藏獒的历史记载。公元前11世纪，武王灭商后，建立周朝，定都丰镐（今西安），历史上称为西周，距今已有3000多年历史，足见藏獒育成历史之久远。文中的西旅，主要指当时居住在西北边陲的少数民族，可能是古羌人的一个部落。另据《逸周书》记载："渠叟以渠犬，渠犬者，露犬也，能飞食虎豹。"查询注释，渠叟即西戎的别名。对西戎有两种推断或解释，其一指西旅。谢成侠先生在《中国养马史》第六章第五节《西藏早期的养马概况》中叙述，关于西藏"在古代最不清楚，总认为那是以养羊为主的西戎部落散布的地方……只知道祁连山南部草原上有西戎名骑马部落出没其境……这也是由于在这世界脊梁的崇山急流所险阻，长久闭塞所致。"其二，西戎即犬戎，很明确，犬戎是藏族中的一个部落。据《宠物世界》1995年第二期，朱积孝撰文"中国的狗文化"，说藏族中有以狗为族名者，如犬戎……犬戎多次与周王朝发生战事。因此，可以进一步明了，商周时期，我国藏民族已培育出了今天的藏獒，而且该犬为露天饲养，能飞食虎豹，

足见凶悍无比。

如此凶悍，自然非同一般。《尔雅·释畜》中有记载说：“猃、猲獢犬，四尺为獒。”而《博物志》有载“周穆王有犬，名耗毛白；晋灵公有畜狗，名獒；韩国有黑犬，名虚，犬四尺为獒”。说明周以后，藏獒已广为帝王将相所豢养。如《左传》宣公二年记载，晋灵公赅使獒欲杀良将赵盾，赵答道：“君之獒，不若臣之獒也。”可见，在春秋时代，藏獒就早已传播开来。特别是藏獒的价格也不断上扬，所谓货真价实。据《三国志·吴志·孙皓传》记载，“何定使诸将各上獒犬，将皆千里远求……犬直至数十匹，御犬率具缨，直钱一万，一犬一兵，养以捕兔供厨。”

据史料记载，我国元代养犬已正式服务于军旅。《元史》记载：“辽阳等处行中书省所辖，狗站一十五处，元设站户三百，狗三千只，以狗供役之骚站也。”在大量征集狗服役时，统治者自然不能轻视藏獒。《宠物杂志》1994 年第四期，中国科学院动物研究所王子清和孙丽华撰文《中国犬文化发展的轨迹与促进养犬业的管理良策》记述：“成吉思汗远征亚述人、波斯人和欧洲时，曾征集大批西藏神獒服役军中，公元 1241 年远征军班师回朝，小部军队驻留欧洲，携带犬、马等也随军羁留疆场或流落异乡，使我国藏獒与当地犬种杂交，成为国外许多大型名犬，如马士迪夫犬、大白熊犬、纽芬兰犬等的祖先。从这些犬种的外部形态特征、习性看来，它们无疑蕴藏有我国西藏神獒的血液。”

清乾隆年间，陪同西藏班禅大师东进的清政府驻藏都统傅清进将 1 只西藏神獒带到北京，立即引起朝野轰动。朝野上下都为该藏獒的英姿、气势而赞叹。为此在清王朝供职、专为乾隆皇帝画像的意大利画家朗士宁受乾隆旨意，为该神犬作画。画中藏獒遍体通红，气薄云天。该画卷因之而为世界名作，现珍藏于我国台湾故宫博物馆。

第三节　藏獒的类群

藏獒是广泛分布于青藏高原及其周边地区的护卫犬。因地域广

阔，各地社会经济、自然生态条件差异较大，使藏獒在体形外貌和品质上差异较大。1992—1996 年，甘肃农业大学动物科学技术学院教师在西藏自治区（以下称西藏）、青海、甘肃 3 省、区部分地县调查，并总结了藏獒品种资源的现状。总体上看，广泛分布在青藏高原的藏獒按毛的长度可分为长毛型、短毛型、中长毛型 3 类；按毛色可分为纯白色、纯黑色、黑背黄腹色（四眼毛色）、红棕色、杏黄色、狼青色；按地域可将青藏高原的藏獒分为西藏型、青海型和河曲型 3 个类群。比较科学的方法是按地域对藏獒进行的分类。

一、西藏喜马拉雅山南侧及藏北区类群

西藏自治区地域辽阔，地形地貌复杂，特别是因社会、生态环境等因素的影响，使藏獒在体形、外貌等方面差别较大，杂化程度高。诸多个体受西藏梗犬、哈巴犬、狮子犬的影响，在头形、耳形、毛型和毛色等方面差别较大，类型极不一致。尤以西藏拉萨地区的藏獒杂化程度严重，究其原因，可能与拉萨地区群众养犬习惯有直接关系。拉萨地区群众爱犬，多数家中都养犬，犬的类型、种类繁多，包括藏獒、西藏狮子犬、西藏小梗犬乃至群众自行由内地带回的其他犬品种，各有不同。拉萨地区群众养犬，习惯白天将犬关在家中，夜间放开，任犬自行出入家门，四处游荡。到了发情季节，各家所养不同品种、不同类型犬极有可能杂交，产生血统与品种来源都不清楚的杂交犬。这些杂交犬的后代，无论体形、外貌或气质品位各不相同，体重高矮差别极大，使拉萨地区的藏獒类型差别极大。但喜马拉雅山南侧和藏北地区，因地理相对隔离，环境相对封闭，藏獒体形、外貌和气质品位表现极好，个体高大雄壮，毛长中等，头大方正，四肢粗壮，公犬最大体高达到 78 厘米，骨量充实，最大管围 16 厘米，充分体现出藏獒的品质性能和气质品位，代表了藏獒的基本型。西藏型藏獒毛色以黑背黄腹（俗称“四眼”）毛色最多，其中黑背而腹部红棕色的藏獒最为名贵。在外形上，西藏藏獒头大额宽，体形较高长，但胸宽略显不足，吻较长，表现出吻长、肢长、背腰长的特点，体形更显硕大。按照国际上鸠

而斯特提出的关于家畜体质类型的分类方法，西藏藏獒应属于“呼吸型”，略偏细致，其胸深长，呼吸和血液循环系统发育良好，能适应高海拔、低氧压、多降雨的环境。

二、青海省玉树、果洛及周边地区类群

青海省玉树和果洛藏族自治州属金沙江水系，这里从海拔2 000 ~4 000米均有群众牧畜。因地带和气候的垂直分布，形成了冬季严寒、夏季湿润凉爽的生态环境。该地区的藏獒体形偏小，公犬平均体高64.3厘米，体短，骨量小，头狭窄，嘴多呈楔形，吻短，下唇微有皱褶。毛色较杂，有纯黑色、黑背黄腹色（四眼）、杂黄色（杂色）和狼青色等。产于该地区的藏獒最大特点在于颈毛发达，丰厚，呈环状分布于头颈部，使该地区藏獒在外观上增加了几分雄姿，颇似雄狮因之该毛型被群众称为“狮头型”。但该类群藏獒头颈部饰毛修长的特点受环境影响较大，多数藏獒颈毛丰厚是对产地生态环境，特别是寒冷气候的一种适应。离开原产地后，如引种到冬季干旱温暖的中原地区，藏獒在春天头颈毛褪换后，绝大多数都变稀变短。这也说明藏獒的毛型是以双层被毛的短毛型为基础的，决定毛长毛短的主要因素是环境气温。在青海省玉树和果洛藏族自治州，狮头型的藏獒中有纯白色的，被毛修长，通体雪白，极为名贵。该犬目睛、鼻镜粉红，被群众称为“雪獒”，但数量极少。雪獒的体形、头形、耳位乃至嘴形等与青海省玉树、果洛州的狮头型藏獒基本一致。在青藏高原强烈的紫外光照射条件下，浅色皮肤（鼻镜粉红色）极易受到伤害。能发育到成年的个体不仅稀有，更可能有特殊的抵御高原紫外光伤害和适应高原环境的能力。有关雪獒对高原环境适应性的研究，对揭示高原环境下生物多样性的特点和生理特征有重要的意义。

据报道，河曲藏獒是广泛分布于青藏高原及其周边地区藏獒中最优秀的品群。因产区相对闭锁的条件和高海拔、低气温、强辐射等自然条件的磨炼，及当地藏族牧民群众精心的选择和培育，使河曲藏獒具备了高大威猛、熊风虎威的悍威和气质品位，足以让人望

而生畏，闻声止步。河曲藏獒有双层被毛，短毛型为主，周毛丰厚，绒毛密软，体形高大威严，公犬体高70.1～72.1厘米，管围15.6～16.3厘米，体格粗壮，体形协调，体质结实，略显粗糙。毛色有纯黑色、黑背黄腹色（四眼）、红棕色、杏黄色、狼青色、纯白色。其中以纯白色最为名贵，纯白色个体的皮肤呈粉红色，目睛粉红色或淡黄色，鼻镜粉红，全身雪白，十分珍稀。但多数白色个体，耳缘、背腰部毛色微黄，群众称“草白”。据对其后裔测定，如群众所称“草白”的个体，多受到蒙古犬的影响，其后代在耳、尾和头形乃至嘴形等方面分离十分明显，属杂种个体。

河曲型藏獒头宽，吻短，性格刚直不阿，对主人百般温顺，对陌生人有高度的警惕和强烈的敌意。河曲藏獒勇于搏击，忠于职守，最适于守卫，在国内外享有盛誉。遗憾的是，近年来，有的客户与商贩为了牟取暴利，蜂拥河曲藏獒产区，抢购藏獒优良个体，使河曲藏獒品种资源受到前所未有的破坏。据调查，目前在河曲地区（黄河的第一弯曲部，包括青海省久治县、甘肃省玛曲县、四川省若尔盖县），体高在70厘米以上的藏獒个体已极其少见，毛色均一的个体就更为少见。甘肃农业大学动物科学技术学院在完成“河曲藏獒种质特性及选育的研究”后，开展了河曲藏獒品种资源保护与选育的研究，建立了河曲藏獒品种资源保护核心群，开展对该犬品群的纯种繁育、选种选配和提纯复壮，建立了河曲藏獒良种繁育体系，使得河曲藏獒品种选育建立在具备育种场、良种场、商品场三级繁育机构的基础上，优良藏獒的数量迅速扩大。

河曲藏獒育种核心群，经连续4个世代的血统登记、后裔测定、系统选育，保证了存栏藏獒在品质纯正的基础上达到了体形、外貌和气质品位的高度一致。

第二章　藏獒的生物学与行为学特征

第一节　藏獒的适应性

生物的适应性是指某种生物在某一特定环境中生活力的综合表现，或可认为是生物与其生存环境之间保持协调性的综合能力。通常可以通过对某一环境作用下生物的性状发育、行为反应、性能表现、生活力、抗病力以及繁殖力等表现而得出定性乃至定量的结论。藏獒是生活在青藏高原的犬品种，已具有3 000多年的育成历史，漫长的自然和人工选择进程和严酷的生存环境，使藏獒的各种组织与器官之间、形态结构与其功能之间、藏獒机体与外界环境之间形成了高度的协调一致，各种组织、器官亦得到充分的发育和锻炼，使其在原产地具备了一般犬所不能及的智力和体能，具备了对青藏高原恶劣环境高度的适应能力，表现在对海拔、气候、食料、栖息环境、饲养管理方式等诸多方面的适应性。外观上藏獒高大强壮，幼年期生长快，体重大，说明藏獒具有生活在寒冷地区动物的共同特征——体形大，单位体重所占有的皮肤表面积小，有利于动物保存体温或在多变的气候条件下调节体温，保持体能。

评价藏獒在我国内地气候条件下的适应性是开展藏獒系统选育的重要内容。重要途径之一是记录并观察藏獒在新环境中的行为反应，因为资料认为“适应”几乎是动物一切行为的基本内涵，或者说，动物在各种不同的环境中所表现出的各种行为都含有动物个体的、种群的、累代的对环境适应的意义，并决定动物的生死存亡。藏獒的适应性有3条途经，即遗传变异、生理变化、行为反应。其

中行为反应是个体在日常生存中表现最多、最快速的应变方法。一个成年藏獒在时刻变化的环境中生存就必须依靠自身的各种行为反应能力来应答环境、保护自身。这种行为反应的能力由先天遗传和后天获得成分复合构成。先天遗传包括各种简单反射（多由动物肢体中存在的能够控制动物肢体运动的简单神经中枢指挥），如跑、跳、躲避、逃跑等，复杂反应则包括各种条件反射、学得的反应和习惯。这些不同的成分可以构成藏獒浩繁的、千变万化的行为现象，从而进一步反映藏獒对环境的适应能力或与其他生存环境保持协调统一的能力。所以，“适应”又是藏獒生命现象的基础，而“不适应”则预示着藏獒生命现象的阻遏或停止。

一般而言，观察和评价藏獒在我国内地环境条件下是否适应，应了解在一个样本群体中的藏獒在采食能力、生长发育、抗病力、繁殖力（包括种公犬的配种能力、精液品质、与配母犬的受胎率和母犬的发情率、受胎率、产仔数、产活仔数、仔犬断奶成活数、仔犬断奶窝重、仔犬断奶最大个体重等）和体质类型、气质秉性及其在新环境中的行为反应等方面的表现，与原产地相比，是否发生了不利的、退行性的变化，特别是上下代之间相比是否发生了遗传性变化或退化。不要幻想藏獒会在引种后的当代或以后的几代内就会对我国内地的自然社会条件适应。

系统选育非常重要。目前，内地几乎有95%的藏獒养殖场仅仅是繁殖场，场内充其量只开展小范围的表型选配，而完全不能有目的、有意识地开展藏獒的系统选育、开展深层次的科学选种和选配，使得场内犬只的性状组合、性能表现按照藏獒性状遗传规律和预定的技术方案发展。否则，藏獒在我国内地环境条件下是不适应的和退化的。

一、藏獒对海拔的适应性

藏獒对海拔的适应性，表现在不仅可以生活在海拔5 000～6 000米的极地，正常的摄食、生长、繁殖，亦可良好地适应于沿海低海拔地区。在我国福建、广东和台湾等沿海省份和东南亚国家，饲养藏獒普遍，藏獒对海拔适应的范围尚无任何一种动物可比。台湾同胞对藏獒情有独钟，赞誉藏獒为“第二国宝”，所饲养的藏獒，不仅在体形、外貌和气质品位等方面表现出类拔萃，而且繁育后代藏獒生长发育好，生活力强，繁殖率高，遗传性稳定。说明藏獒对低海拔、海洋性气候也能良好适应。

当然，要保持藏獒对海拔的适应性也需要一定的条件。近年来，在我国东部、东北、西南及东南等许多地区，个人养藏獒普遍。有部分养殖户反映藏獒出现不适应的问题，诸如母犬受胎率低、死胎难产多，幼犬死亡率高、生长发育缓慢以及发病率高，等等。综合分析，实质上还是饲养管理的问题。藏獒原产地是广阔的草原，山峦起伏，天地一体，无边无际，任由藏獒奔跑、撒欢，藏獒因之可以得到充分的活动和锻炼，各种器官机能得到充分的活动和发育，保证生命力旺盛，身体健康。但是，当藏獒被贩运到其他地区后，且不说沿途所可能受到的多种传染病的侵染（近年十分严重），即刻被拴系或关养在极狭小的范围内，不能随意活动，亦不可能得到任何锻炼，终日懒散睡眠，体质、体力和各种组织器官的机能日渐衰弱，实属必然。不能据此说明藏獒的适应性发生了衰退，而由饲养管理不当造成。在动物育种学中，对不适应的概念是指动物在新的环境中，生活力、抗病力、繁殖力等方面发生了不利的遗传性变化。就藏獒而言，在新的居住环境中，若能提供较大的活动区域，改善饲养管理，无疑对保持和提高藏獒的适应性有积极作用。如在我国台湾省，由于台湾同胞十分重视藏獒的饲养管理、疫病防治、选配和幼犬培育，所以从整体上评价，台湾藏獒的选育水平达到了国内和国际的领先地位。当地百姓所饲养的藏獒个体发育充分，确有高大威猛、熊风虎威的气质品位和形态特征，令人爱意倍增。台湾同胞养藏獒多采取散养的形式，很少拴系，可以在庭院中自由地走动。夜间有犬舍，宽敞洁净。在饲养管理、环境卫生控制等方面几乎达到了尽善尽美。所以，藏獒在台湾不仅适应，而且得到了良好的培育，出现了许多出类拔萃的个体，代表了国内藏獒选育的最高水平。

二、藏獒对气候的适应性

藏獒原产地是世界屋脊，大部分地区无绝对无霜期，年平均气温约0℃。气候垂直分布带十分明显，在西藏南部有亚热带气候和温带气候，拉萨、日喀则等地则成为寒温带气候，海拔4 000米以上的地区基本属于寒带气候，终年冰雪严寒，冻土带长年保持。这种气候分布使藏獒具有极好的适应气候变化的能力。藏獒个体无论处于何种气候环境，当代就能良好适应，表现出健康的生理状态和体态。藏獒适应环境气候的方式，首先表现在增加或减少被毛的绒毛量，粗毛的长度和密度。当藏獒在被运到气候炎热的地区后，短期内通过脱换被毛的方式，减少绒毛甚至不再着生绒毛，且粗毛（周毛）稀疏，犬体完全处在毛丛形成的空气隔热层保护之中。据测定，强烈阳光照射下，藏獒毛尖温度可高达70℃，但皮肤温度仍保持正常。近年来直接由青藏高原运至深圳、厦门、武汉等地的藏獒，都较好地适应了当地夏季的高温环境，受到了广泛称赞。当然，就其本身的生物学特性而言，藏獒更倾向于喜欢清新凉爽的气候环境。因此，每当天气炎热，烈日当空时，聪明的藏獒总是跑到树荫下、水塘边等通风背阴处避暑，或者直接在阴凉的地方挖一个土坑，趴卧在内，为自己创造一个凉爽环境。藏獒的这种适应和改造环境的能力非一般品种犬可比。另外，在天气炎热时，藏獒还能自行减少摄食量，以减少体内的产热量，缓解高热对机体的影响；饮水量会大量增加，频繁排尿，借以散发体热。因此，夏天供给藏獒充足饮水非常重要。从生物学的角度讲，藏獒更能适应于寒冷的气候环境。在青藏高原，夏季多暴雨，草原上飘来一朵云，就有一阵雨。高原居民都有经验，看到云来，就要设法避雨，稍有迟缓，即被雨淋。在这种空旷的原野中，藏獒唯有依靠一身被毛抵御暴雨。一旦暴雨降临，聪明的藏獒会将身体蜷曲成一团，将蓬松的尾巴卷垫在臀下，而将头蜷缩到胸腹部，一动不动，任雨扑打。待风雨过后，藏獒将周身皮肤和被毛用力甩动，就可将身上的雨水甩得干干净净。由于有双层被毛保护，雨淋之后，藏獒依然健康，依然强壮。至于在漫漫冬日，藏獒因被毛修长，绒毛密软，抗寒能力强，即使劲风呼号，飞雪漫天，藏獒依旧奔腾跳跃，越加欢畅。

藏獒对热环境的适应能力有一定的范围和极限。据测定，在海拔3 000米地域，藏獒适应气温的范围为－30～30℃；在低海拔地区，藏獒对环境气温的适应能力因海拔越低、湿度越高、空气中水气越大，越不利于藏獒的体温调节，其适应热环境的能力也越低。但是，近年来社会上有些人受藏獒炒作的影响，一味追求“长毛型”，没有经过任何驯化过程，将许多长毛型藏獒直接引到南方地区，在夏季35℃左右的高温、高湿环境中，藏獒身披厚毛被毛，好似盖了一床厚厚的毛被，岂有不热之理？又岂有适应的能力？而引入我国南方地区的大量短毛型藏獒，到了新的地区后能迅速褪换被毛，减少着生绒毛，周身轻松，能较快地适应新环境。

三、藏獒对环境变迁的适应性

这里所讲的环境变迁的适应性，是指藏獒在离开原产地后，在场地、主人、食料等方面变化情况下所表现出的适应能力。显然，发生以上情况对任何动物都是一种刺激，但藏獒却能在相对较短的时间内适应新环境。首先，虽然藏獒具有忠实于主人的天性，但是，无论大小藏獒一旦更换了主人，都能很快辨识、记忆新主人，包括新主人的气味、说话的语调、走路脚步的轻重和新主人的形态特征。藏獒清楚地知道，此时只有取宠于新主人，才能在新的环境内得以立身。所以，来到新环境后，藏獒就会在极短的时间内辨认新主人，并竭力博取主人的信任，屈从于主人的召唤和驱使。其次，在新的环境中，藏獒通过嗅闻、巡看，能够较快地熟悉周围环境。高品质的纯种藏獒能随之确定在新环境中睡眠、摄食、排粪尿的合适位置，如果在新环境中还有其他犬，则后来的藏獒能依据自身的条件，恰当确定自己在犬群中的位置或排序，既能保持自己的尊严，又不会受到其他犬的欺辱。藏獒对新环境的适应能力是在千百年的品种进化和藏族牧民的强度选育中形成的，是其品种种质性能的典型表现。

四、藏獒对食料变化的适应性

在原产地藏獒的食物来源通常有3方面，其一，主人提供的食料，主要是主人家的饭食，包括青稞炒面、饭汤、肉肠、畜骨、酸奶水（提取酥油、奶豆腐后的奶水，其中尚有少量无氮浸出物等）；其二，由于冬、春季瘦弱和自然死亡的家畜，数量较大，是藏獒育成犬和成年犬在冬、春季节的主要食物；其三，夏秋时节草原上遍布的各种啮齿类动物，是藏獒的主要食物。所以，即使是严冬时节（12月份至翌年1～2月份）出生的藏獒幼犬，尽管在出生的一两个月内由于母犬体况较差，营养不良，奶水不足使新生仔犬生长受到了影响，但5月份以后会有一段快速生长发育期或称生长代偿期。此期，藏獒母犬会尽其所能，在草原上捕获各种啮齿类动物，并将其中一部分带回来以反哺的形式饲喂幼犬，对幼犬的生长发育具有良好的促进作用（或代偿作用），经过代偿生长，幼犬累积生长结果与我国内地均衡良好营养条件的藏獒幼犬几乎无区别。牧区藏獒幼犬的这种生长代偿能力在3 000多年的品种培育过程中，已经形成了品种特征，说明在内地饲养条件下只要营养平衡，就没必要担心藏獒幼犬发育不良，而过量饲喂反而容易造成幼犬消化不良，影响食欲，出现厌食、腹泻、腹胀等现象，影响生长。生产中特别提倡食料营养全面，结构粗放，加大新鲜蔬菜、麦麸等粗纤维含量较高食料的配比，减少高能高蛋白质、质地细腻食物，对保持幼犬消化道健康，胃肠道功能通畅有良好的作用。所以，藏獒对我国内地食料的适应实质上是一个如何通过人为调制来调动藏獒的食欲，保持消化道健康的问题。配制食料的一般原则是宜粗不宜细，宜稠不宜稀，转换宜慢不宜快，宜熟不宜生，所有奶制品、牛羊肉及其加工副产品、谷实类作物籽实（磨粉）、多种蔬菜、骨粉等都可以用于配制藏獒的食料。

五、藏獒对管理方式变化的适应性

在原产地，藏族牧民对藏獒的管理十分粗放，所谓“地上一根绳，地下一个洞”，白天拴系，晚上放开，任由藏獒在毡房附近、草场周围游走、觅食，在草地上酣睡。寒冬或繁殖季节，藏獒多在拴系地或毡房附近刨坑，蜷缩其中，以避风寒。在这种管理条件下，藏獒受自然因素的影响较大，形成了对自然环境良好的适应性，夏季耐热，冬季抗严寒，体质强健。藏獒被引入内地后，饲养居住环境发生了根本性改变，如果活动场地有限，导致活动量不足，骨骼肌肉缺乏锻炼，体质疏松，脾性懒散，不能保持或发挥其固有的气质秉性。另外，居住环境的不卫生，生活垃圾、空气污染、高分贝噪声对藏獒的身心健康产生日积月累的伤害，出现听力下降、反应迟钝、抗病力低、性情急躁、过敏等中枢神经系统有关的疾病，应该引起畜主重视。一般的措施首先应尽可能保持藏獒居住环境的清洁、宁静、宽敞，为犬提供较好的活动空间，采取独立拴系或独立空间散养方式，对于保持藏獒的独立性，孤傲的个性和发挥其领地行为、护卫本能都有十分积极的意义。

六、藏獒的抗病力

抗病力是指动物在受到某种疫病侵袭时，保持机体健康，不受疫病侵染的能力。动物的抗病力除了外部原因外，与动物自身的体质条件有直接关系。由于藏獒原产地青藏高原高海拔、强辐射、低气温，目前在我国内地流行病严重危害犬只健康的烈性传染病，在藏獒原产地却较少发生。20 世纪 80 年代以前，生活在青藏高原的藏獒很少会因疫病而死亡，一般的风寒感冒、消化道疾病，对藏獒几乎很少有影响，但是近年来，这种状况正在发生改变。由于气候转暖、大气污染和大量狗贩涌上青藏高原寻求藏獒所造成的疫病蔓延，青藏高原“无病区”的神话已经不存在，每逢冬、春季节犬瘟热、犬细小病毒性肠炎、传染性肝炎、副伤寒等疫病对藏獒的危害

十分严重。在我国内地高温、空气污染、嘈杂环境条件下，上述多种传染病流行，是造成藏獒养殖失败的主要根源。环境污染和体质衰弱是目前造成藏獒抗病力下降的主要外因和内因，提高藏獒的抗病力也必须从以上两方面着手。此外，作为临时性、安全性措施，每年对藏獒实施预防注射仍是最为有效的技术手段。

第二节　藏獒的生理特点

一、善解人意与超常的记忆

藏獒的生活与藏族牧民融为一体。藏族牧民喜爱藏獒，藏獒绝顶聪明，善解人意，甚至能感知主人的心理和心情，喜主人所喜，忧主人所忧。藏獒也是藏族牧民生活和生产中最得力的助手。藏獒有超常的记忆能力，能辨认自家几百头牛，近千只羊，能协助主人在出牧、归牧、迁移等活动中归拢牛羊，能确定自家的草场边界而坚决维护主人的利益。

藏獒超常的记忆力得益于日常的锻炼和培养。由于生活环境经常变化，藏獒每次随同主人迁牧，都要迅速熟悉新环境，包括周围的牧群、人员、地形和草原，以忠于职守。藏獒的聪明和记忆基于其发达的嗅觉、听觉和大脑贮存信息的能力。藏獒能辨识主人、熟人或生人，辨识自家的牛羊、草地边界，主人家的器械，主要依靠嗅闻气味和声音，并将嗅到的气味和听到的声音作为信息贮存于大脑，当再次接收到该信号时，就能马上与大脑中的信息相对照，并确定信号源的性质，决定自己的态度和行动。据报道，藏獒大脑可以贮存几万个信息，且长期贮存，因此，奠定了藏獒非同一般的记忆基础。说明为什么藏獒每到一处新环境，总是忙于四处嗅闻，或侧耳倾听，十分专注，原来它在忙于收集情报。藏獒这种生物学特性，说明藏獒有发达的中枢神经系统，能对各种感觉器官所收集的信息及时进行分析和处理，进而做出正确的判断和应答。藏獒的这一特点，利于人类训练藏獒去做一些动作，为人类服务或便于管理。但应注意，藏獒的超常记忆力有时也会走向反面，使藏獒表现出记仇、执拗。所以，在初次接触时，切忌对藏獒冷漠、呵斥、踢、打。藏獒会当即记忆对方的声音气味，并决定了今后对其的态度，一旦形成，以后很难改变。显然，藏獒发达的记忆能力，也奠定了藏獒学习和积累经验，以更好地适应于生活环境的基础。一般而言，藏民习惯于在小犬2月龄时将其抱回家中喂养，以便从小养大，人犬之间能建立终生相依的关系。但因2月龄的小藏獒尚未经母犬的教习，许多行为习性都只能在自身的探究和主人的调驯中逐步学会。因此，处于该年龄阶段的藏獒应任其自由玩耍、嬉戏。在该过程中，小藏獒认识了世界，积累了经验，也认识了自我，学会了攻击、躲避、尽职尽责。

二、发达的嗅觉和听觉

根据藏獒的行为习性和藏獒生活环境的特殊性，有人认为藏獒实际是尚处于半驯化状态的动物，这种观点也许有一定道理。在草原上藏族牧民对自家的藏獒较少拴系或白天拴系而夜间放开。由于白天牧业繁忙，有时整天被拴系的藏獒几乎得不到食物，只有晚上被放开后自己去谋食。此时饥肠辘辘的藏獒全凭发达的嗅觉和听觉在四野寻觅，高度警觉，决不放过任何声响和动静。千百年来，这种野外生活的锻炼，使藏獒听觉和嗅觉系统得到了突出的发育。藏獒的许多行为发展都依赖于发达的嗅觉与听觉系统。标记领地，辨识环境，追随主人乃至千里归家，等等。“用进废退”，如前所述，藏獒的嗅觉发达得益于日常生活的锻炼，在长期的物种进化及生存斗争中，藏獒必须凭借敏锐的嗅觉，灵敏的听力，洞察周围的环境，展开有关守卫、巡察、觅食、捕猎、求偶等各种活动。藏獒能精确分辨出10多万种不同的气味，能嗅闻到千万分之一浓度的有机酸，觉察到200～300米外的野生动物的气息，嗅闻400～500米距离的人体汗味，使其先感觉到主人的回归还是外人入侵，并反映出亲近或敌视、憎恶、愤怒的心理，采取准备进攻的态势。

据报道，藏獒对酸性物质的嗅觉灵敏度高出人类几万倍，其可以感知到分子水平。位于藏獒鼻腔表面的“嗅黏膜”有许多皱褶，面积为人类的4倍，黏膜内有2亿多个嗅细胞，是人类的1 200倍。特别是在藏獒的嗅黏膜表面有许多绒毛，可以显著增加嗅黏膜与各种气味物质接触的面积，使藏獒具有敏锐的嗅觉，可以轻而易举地分辨出家中的每一个成员，圈舍中的每只牛羊，家庭的每样器具。所以主人出牧后，无论走多远，藏獒也能找到自家的畜群，永远不会迷失。

嗅觉灵敏在藏獒的交配与繁殖中也具有特殊的意义。在原产地，藏獒完全是自然交配。每年8月下旬，天气开始转冷时，藏獒也开始进入发情阶段。此时在母犬的尿液中含有较高浓度的特殊化学物质，在四野留下了能被公犬嗅到的信号，专业上也称其为化学外信号。借助灵敏的嗅觉，公犬一旦嗅到这种母犬尿液中的信号，即使再远，也能找到发情的母犬，并完成交配。

藏獒的听觉发达。无论何时，卧息的藏獒总是把耳贴在地面。它能听到和分辨出来自32个不同方向的极微弱的振动声，其灵敏度是人的16倍。据报道，人在6米远听不到的声音，藏獒却可以在25米外清楚地听到。夜间如有狼逼近羊群，藏獒能立即察觉。恶狼即使再狡猾，也难躲过藏獒的警惕和奋起搏击。藏獒灵敏的听力，也是区分来人、辨别敌友的重要方法。藏獒能区别家庭每个成员脚步的轻重、呼吸节奏乃至心跳声音的大小和快慢。对来自主人和熟人的声音，能以安详、忠诚、欢快的动作或行为来表达自己的情感，而对外人、异声，则产生困惑、怀疑、警惕，并反映出敌视、憎恶、愤怒的心理，采取准备进攻的态势。

借助嗅觉、听觉、视觉系统和发达的中枢神经系统，藏獒发育形成了机敏、沉稳、聪明和勇猛的品种特征，这些都得益于藏族牧民累代的选择和青藏高原严酷自然环境的陶冶，使藏獒成为优秀犬的类群，自由自在地生活在世界屋脊和茫茫雪原，成为世人称赞的“东方神犬”。

三、藏獒的其他感觉器官

（一）藏獒的视力

虽然有诸多资料说明犬的视力不够发达，但由于生活环境严酷和险峻，使藏獒的视觉器官亦得到了相应的锻炼。草原上的藏獒能清楚地分辨出300米外的主人或生人，对活动目标的视力距离大于1 000米。夏天，在无边无垠的草原上，牛羊随心所欲，一边吃草一边走动，都在藏獒的视野范围之内。一旦有牛羊走出自家地界，藏獒会即刻将其逐回，一旦有野兽在隐蔽中接近畜群，藏獒会毫不迟疑勇猛出击。藏獒头大额宽，视野开阔，全景视野为250°～290°，单眼的左右视野为125°～145°，上方视野为50°～70°，下方30°～60°，对前方物体看得最清楚。当藏獒雄踞于山冈时，绿波荡漾的草原、炊烟袅袅的毡房、自由采食的牛羊都尽收眼底。与其他犬科动物类同，藏獒是色盲。在藏獒眼里，色彩斑斓、五彩缤纷的大草原其实只有黑白两色。因此，藏獒只是依靠明暗度来区别或辨别物体，更易发现移动的物体。不同之处是藏獒暗视力较强，善于在夜间捕食。这与藏獒大都是白天被拴系，夜晚被放开，巡视草场、看护牛羊或猎取食物的半野性生活方式有直接关系。

（二）藏獒的味觉

藏獒的味觉器官位于舌面，但比较迟钝。长期以来，藏獒已形成吃食粗糙、狼吞虎咽的习惯。由于嗅觉灵敏，藏獒感兴趣于有臭味的畜肉，有甜味的食物，却厌恶酸辣食物，并对酒精等醇类物质非常敏感。因此，藏獒对食物的选择，依靠嗅觉和味觉的双重作用决定。藏獒吃食粗糙，具有其野生的特征，或者说是犬科动物的共性，是在野生环境下迫于生存而形成的适应性。但是，藏獒胃中盐酸含量0.4%～0.6%，pH值4.2，藏獒又具有消化道逆向蠕动的特点，完全可以防止由于味觉迟钝、摄食粗糙对犬体所可能造成的不适。

（三）藏獒的触觉

藏獒的触觉器官发达，诸如位于其唇部的触毛，颜面和眉间的刚毛及趾底的感触能力都非常灵敏。藏獒的捕食、格斗、探究或学习形为，都与其触觉器官有密切关系。藏獒灵敏的触觉器官是其神经系统高度发育的结果，也是在世界最严酷的自然环境中生物进化的结果。

藏獒汗腺不发达，主要依靠调整呼吸频率，增加或减少呼吸蒸发，使之在环境气温的变化中努力保持体温恒定与健康水平。事实上，对藏獒而言，更为突出的问题首先是保存体温，使其在年平均气温低于0℃的特殊环境下不会过度散失体热而影响健康。因此，藏獒不仅皮肤汗腺极不发达，且还具有双层被毛的品种特征，有别于国内其他犬种。

第三节　藏獒的其他生物特性

一、领地性

藏獒的领地性行为表现在不容许外人或生人、外犬和非主人家的家畜进入主人的草场、棚圈和毡房。这是藏獒几千年来，作为守卫犬所具备的最典型的品质和性能，也是守卫犬由看护庭院房舍发展的守卫性能。不论在小范围或大范围，只要藏獒单独存在，就会本能地肩负起看护的职责。这种本能行为必须是在单独圈养时才得以表现。如果同时有多只犬共养，就必须由“头狗”带领，才会发生守卫行为。

藏獒对领地的认识主要靠视觉和嗅觉。藏獒不能辨别色彩，只能辨别亮度，夜视能力较强，能在夜间猎取食物。在执行守卫任务过程中，1只优良的藏獒在主人的牵引下，绕行领地边界1次，就能准确地辨识出自家的地界。其间藏獒不断以尿液、粪便对所到之处加以标记。所有不熟悉的气味都会引起藏獒高度的警惕，提高戒备心理，并主动出击。

其实，护卫领地也是野生动物共有的行为，但分析藏獒的领地意识，主要还是主人家的“庭院”，需有主人牵引辨识。在主人的领地中，藏獒十分凶猛，离开主人领地后，藏獒马上表现漫不经心的姿态。说明藏獒的领地性已受到人类较大影响而人为化了，这与一般野生动物的领地性有了较大的区别。

二、社群行为

藏獒具有威猛、果断、彪悍和倔强的气质与秉性。其臣服于主人，却决不受侮辱。因此，在单独饲养时，藏獒总是孤傲不驯，有雄霸一方的态势，决不与外人相处，也不相容。在有多只藏獒共处在同一个藏民毡房或同一饲养场时，相互之间又极有亲疏远近的关系。藏獒群中多以年龄最大的母犬位居至尊，形成争斗序位或低势顺序。但在低势顺序中的位置一般又是以体能和体质、秉性强弱决定。性情凶猛、体质强健的个体多可排位在前。高序位藏獒具有优先取宠于主人、优先摄食的权利。因此，有时会引起其他藏獒强烈的妒忌，引起其他藏獒共同吠咬甚至攻击。所以，主人应尽量平等对待它们，避免当面抚摸夸赞。否则，极易引起高序位藏獒对低序位藏獒的强烈攻击和报复。

现今的藏獒仍保留其野祖共同哺育和保护幼藏獒的行为。成年藏獒对所有幼年藏獒表现出接纳、好奇的心态。活动戏耍的小藏獒遇到惊吓，总是就近到成年藏獒处寻求保护。这种行为能保存至今，与藏獒千百年来生存环境的险恶有直接的关系，或许是藏獒种群在恶劣条件下形成的代哺和群体保护的行为。

三、卧栖行为

作为一种家畜，藏獒早已适应了家养条件下的各种环境，跟随主人家的迁移随遇而安。但藏獒会根据居住地的气温条件为自己选

择最舒适的卧栖地点。冬季严寒，飞雪漫天，藏獒会卧在主人为其修筑的暖窝内，安然自睡。如在旷野，聪明的藏獒会本能地为自己掘一地穴，将厚密的犬尾垫在体下，鼻吻拱在前胸，蜷卧在穴内，任寒风劲吹，一动也不动。藏獒的双层被毛足以抵御高寒和劲风的吹袭。到了夏天，藏獒在无垠的草原上跟随主人家的迁移，游走四方，随地而卧。似乎天地都属自己，卧在山冈，栖在溪旁，躺在花丛中，睡在草甸上。姿势千奇百怪，或者趴卧，或者仰躺，却说明它很健康。藏獒嗜睡，据统计，成年藏獒白天的睡眠时间可以长达10小时以上，夜间虽时有活动，但如果不受惊扰，仍然绝大部分时间在睡眠。即使是幼犬，睡眠时间比例也达到了83%～87%。说明藏獒嗜睡的特点是其种质的特征。该特征的形成可能与其生活环境海拔高，氧的分压低有关。在该环境下，睡眠是保存体力和保持其正常生命活动的有效方式。藏獒长期生活在这样的环境中，已形成了以睡眠保持其体能和健康这样一种对高原环境的特殊的适应性。

四、妒忌与忠诚

藏獒的妒忌行为，突出表现在某一藏獒受到主人爱抚夸赞时，往往会引起其他藏獒的强烈不满，因之会群起而攻之，或者大声吠咬，表示愤怒，发泄不满。仔细推敲，藏獒的这种妒忌行为与其对主人的忠诚性和该犬孤傲的气质秉性有较大关系。在每只藏獒的心目中，忠实于主人是其天性，自己属于主人。为了捍卫主人的草场、毡房或牛羊，每只藏獒都会勇敢出击，毫不畏惧。因此，每只品质优良的藏獒都本能地视主人为己有，决不容许其他藏獒侵犯自己的利益。每当看到其他犬欲取宠于自己的主人时，藏獒就感到怒不可遏，产生强烈的妒忌心。藏獒的妒忌性，是否可以被看做是其忠实性的负面表现，还待进一步讨论。但作为该犬的行为表现，在对藏獒饲养管理和调教训练时，须加以注意，更应加以必要的控制和矫正。

忠于主人，对主人百般温顺，对外人或生人有高度的警惕、强

烈的敌意，是藏獒最典型的品种特征之一，也是藏獒最优异的秉性。因此，藏獒得到了藏族牧民无限的信赖和喜爱，被视为“家人”，更是牧民家庭妇女与孩子们的宠物与保护神，与主人建立了深厚的感情。所以，在青藏高原，牧民家中不能没有藏獒，藏獒也绝离不开藏族牧民。其间已形成了一种共生的关系，一旦被分开，无论对主人还是对藏獒都会造成心灵深处极大的悲哀和伤痛。我们已在国内多处见到被贩运他乡，背井离乡的藏獒不思饮食，沉郁寡欢。每逢夜晚，藏獒会遥望远方，发出撕心裂肺的悲鸣，令人闻声心颤。

1995 年 3 月，位于黄河北岸的甘肃农业大学藏獒繁育中心的饲养员，带领着已到兰州两月有余的 1 条河曲藏獒在黄河边散步，当该犬嗅闻到来自家乡的河水时立刻显得极端兴奋激动，在河边急切的舔吮河水，抬头凝视了一会儿河南边的太阳，就纵身跳入滔滔的黄河向南岸游去。河水汹涌浪急，无论饲养人员在岸边怎样呼唤，藏獒却义无反顾奋力搏击，渐渐远去。1 个多月后，该犬已回到了距兰州 390 千米的玛曲草原，回到了原来的主人身边。事后该藏獒的主人来信说明，宁愿退款，再也不愿和这只远方归来的藏獒分离了。

第三章　藏獒的解剖学特征

一、藏獒的骨骼

藏獒的骨骼分为两大类型：长骨（如四肢和脊椎的管状骨）和扁骨（如头盖骨、骨盆和肩胛骨）。藏獒全身骨骼约 300 枚，其中轴骨 123～126 枚，附肢骨 176 枚，还有阴茎骨 1 枚（内脏骨）；这些骨骼包括头骨 46 枚，脊柱骨 50～53 枚，肋骨和胸骨 27 枚。

二、藏獒的牙齿

藏獒的上颌牙齿为 3 枚门齿、1 枚犬齿、4 枚前臼齿、2 枚臼齿。下颌为 3 枚门齿、1 枚犬齿、4 枚前臼齿、3 枚臼齿。裂齿巨大、强健、锋利，用来咀嚼坚硬的食物。此外，藏獒的上颌最后一颗前臼齿伸长，并发育成切齿脊。咬合时，与下颌的第一颗臼齿交搭在一起。门齿长而尖锐，且微微弯曲，被称为犬齿，是捕捉动物和防御的攻击武器。藏獒是典型的肉食性动物。

藏獒初生时没有牙齿，3～5 周后便长出小而尖的暂牙，4 个月时因恒牙在生长过程中推挤暂牙的根部，会使牙龈有一些发炎和肿胀，对食物消化有一定的影响。出牙会让小犬变得狂躁不安，挑食、流口水、呕吐或者去啃硬东西。

三、藏獒的皮肤和表皮

藏獒的皮肤由表皮、真皮和皮下组织构成。

藏獒身上的被毛除保证适宜的体温外，还有对外的防御功能。真皮含有血管、皮肤腺体和毛囊，毛从这里穿出表皮生长出来。毛囊多，这有助于更好地结合两个表层。

和其他犬类不同，藏獒是特殊的古老犬种，披着一张厚厚的毛皮。每根毛都从毛囊中长出，又分为绒毛和针毛。毛从有几根毛发的毛囊复合体中生长出来，其包括1根主毛，也叫针毛，或称护毛，它是最粗和最长的毛。还有几根辅毛组成柔软的内层毛，即所说的绒毛、细毛。多数毛囊都有肌肉牵附，因为这些肌肉的牵附是锐角，易拉动毛发，因此，肌肉收缩时藏獒“毛发耸立”，看起来像雄狮一样威猛。

皮脂腺与毛囊相连，使其表皮具有油性并含有维生素C等成分。皮脂腺分泌出皮脂，均匀地镀在毛皮的表面，防止毛皮过于潮湿或干燥，毛发油亮，且将体外温度隔离开来，保持机体的恒温，较少因外界温度而引起变化。

藏獒的毛发敏感，有很多的神经和血液供给，从而保证毛发有足够的敏感性。特别是睫毛、耳毛、鼻子更特殊。

每年晚春季节冬毛脱落，逐渐更换为夏毛；晚秋初冬季节夏毛脱落，逐渐更换为冬毛，每年换两次毛，分为生长初期、生长中期和生长终期。

四、藏獒的耳朵

藏獒的听觉灵敏。藏獒的耳朵下垂多毛，与头部浑然一体，当有声音传入时，两耳微动，略离开头的两侧。

耳郭是犬的外耳道，其上覆盖着肌肉和皮肤的软骨组织，能由肌肉驱动并跟随声音而转动。耳郭连着外耳道。

中耳包括鼓膜和鼓室，有藏獒全身最小的骨头——听小骨。外耳接受的声音，先是使鼓膜震动，从而又带动听小骨，并由其将声音传至内耳。这个系统通过放大声音，使耳朵对声音产生敏感。

内耳深处有一个对声音敏感的螺旋形耳蜗，以及与半规管相连的平衡器官。半规管可检测运动，球囊和小脑发出有关于头部位置

和资讯，之后作出正确的反应，以便行动。

五、藏獒的鼻子

藏獒嗅觉敏锐，主要决定于它的嗅区。人类的嗅区大约为 3 立方厘米，而犬达 130 立方厘米。嗅区是多层重叠的结构，形成了具有捕捉气味功能的褶皱，而且嗅觉细胞排列非常紧密，每平方厘米面上有很多嗅觉细胞。

鼻子也是犬类的呼吸器官，它的通道位于口腔后部，是气管和食管的共同始点。悬垂的软腭把咽分为两部分。当呼吸时，软腭将口腔封闭。吸入的空气通过鼻腔流到肺脏，空气经过滤、加温、加湿，然后到达肺。如果犬患有鼻炎或空气温度高时，口腔呼吸对犬来说就变得十分重要。

藏獒的鼻子总是潮湿的，鼻头上带有水珠，是由犬的特殊细胞的分泌物弄湿。当藏獒遇到一种新的气味时，这种细胞受到刺激，便会产生分泌物，把微粒状存在的气味溶解开，并使之与嗅觉细胞接触，以判定气味是哪一种。

六、藏獒的眼睛

藏獒的眼睛与人的眼睛构造很相似，但视觉范围有些差异。藏獒在黑夜也能看见东西，能在微弱光线下捕食动物。对远方移动的目标特别敏感，而对静态下的物体却迟钝。犬大多是色盲，它看到的只是黑白和灰色的阴影。

眼睛的 3 层膜，依次是巩膜、眼色素膜和视网膜。巩膜包括眼球前端的透明角膜；眼色素膜包含 3 个部分，即脉络膜、虹膜和睫状体；视网膜是眼睛内部的感光层。

犬类的眼睑颇具特点，上眼睑的下面有泪腺，它分泌出来的泪液使角膜保持湿润，防止其干裂和发炎。为防止眼泪不断地流到脸面上，犬有它特殊的疏导系统，上下眼睑在内侧角各有一条短的导管，将泪液导向鼻腔，排出体外。泪液导管可能因某种原因而堵塞，造成犬流泪，应引起重视及早治疗。上下眼睑都有睫毛，是防止灰尘侵入的防护器官。若眼睫毛倒睫，会造成眼睛的损伤，因倒睫毛引起的眼病相当普遍，且对于犬的健康影响较大。

犬的第三眼睑，即犬的第三层眼皮，也叫瞬膜。位于眼睑下方，只有在靠近鼻侧的眼角才能看见色素层边缘的一小部分，有些犬的瞬膜较明显。当眼睛收缩进眼窝或者年老得病陷进去时，第三眼睑便显现出来。若第三眼睑总显现出来，收不回去，则是有病的表现。

七、藏獒的肌肉

犬肌肉附着在骨骼上，控制犬腿部运动的肌肉则附着在扁骨上。当犬的肌肉收缩时，与之相连的骨骼便互相靠拢；反之，当犬的肌肉放松时，骨骼又会相对分开。

由于肌肉的运动，四肢大幅度的弯曲和关节的伸展，由沿着腿部的肌肉运动来完成。这些肌肉附着在长骨的临界点上，最大限度地发挥拉动作用，在与骨骼接合处，这些肌肉就称为有力的腱。

训练有素的藏獒，能在奔跑中依靠自身重量所产生的冲击力跳过障碍物。只有犬的肌肉收缩、伸展和骨骼有机地协调，犬才能更适合于快速奔跑。

八、神经、肌肉和活动

藏獒的中枢神经系统由脑和脊髓组成。周围神经系统包括 12 对神经，起源于脑，支配头部和颈部。这些神经的主体（神经元）则在脊髓内。神经纤维（轴索）位于脊髓外，当狗活动时，脑部便会将信息沿脊椎而下，并经过周围的神经传到不同的肌肉去，使肌肉收缩或舒张。周围神经系统的另一部分（自主神经系统）控制狗的不随意活动。

九、藏獒的胸腔

藏獒的胸腔是由胸廓和膈围成的空间，胸腔的空间大部分被肺占有，心脏位于胸腔的中部偏左一点，心脏的下部与胸廓相接触。肺和心脏在胸腔各尽其职，协调工作。通过胸部的还有食道，它将食物从口腔运送到腹腔的消化系统，经过复杂的生理生化过程，排出体外。

十、藏獒的腹腔

位于膈肌后方的体腔称为腹腔。腔内容纳着与生理有关的内脏器官。其中有将食物消化、物质吸收的器官、排出体外残渣的器官、过滤和贮存血液的器官和繁殖器官等。腹腔装有三大基本部分：泌尿生殖系统，有肾脏和生殖器官；脾脏；消化系统。

消化系统根据不同的功能，分泌出与功能相关的酶，吸收的变成营养，废弃的排出体外，消化系统的顺序是：① 口腔和唾液腺；② 食道；③ 胃；④ 十二指肠，小肠和胰腺；⑤ 肝脏；⑥ 大肠和直肠。

与其他品种的犬类似，藏獒是高度进化的家畜，具有发达的神经和内分泌系统。所以，藏獒不仅在采食时能及时调整消化系统的状态和功能，产生强烈的食欲，狼吞虎咽，同时能使各种消化腺在内分泌系统的调控下，充分发挥其功能，保证消化健康。其中，以藏獒唾液腺的分泌最具代表性。藏獒的唾液腺发达，在嗅闻到畜肉的气味或听到主人摆放食盆的声响时，即开始大量分泌唾液。首先，唾液具有清理和湿润口腔的作用，其中含有丰富的溶菌酶，能有效地在采食时消除口腔细菌。其次，大量分泌的唾液与食物充分混合，便于犬的咀嚼和吞咽，也有助于食物的消化。在热天大量分泌唾液亦具有散发体热、调节体温的作用。因此，无论何时，在藏獒的饲养中都必须随时给水、给盐，否则会影响其采食和健康。

藏獒的胃液中除胃蛋白酶、淀粉酶外，盐酸含量达0.4%～0.6%，胃液pH值4.2，非一般家畜可比。藏獒胃液中的盐酸首先能使食物中的蛋白质膨胀变性并能激活胃蛋白酶，促进食物蛋白质的消化和吸收，也奠定了藏獒肉食性的基础。胃液盐酸也有软化骨组织的作用，保证了对畜骨的消化吸收，胃液盐酸又可以杀灭和抑制腐肉中的大量病原菌，维护犬的健康，因此，藏獒能大量摄食畜骨而安然无恙。

肝功能发达是犬科动物共有的生物学特征。肝脏是哺乳动物体内最大的内分泌腺，也是保持机体环境稳定和代谢最重要的器官之一。藏獒的肝脏特别发达，约占其体重的3%，在营养物质（包括碳水化合物、脂肪、蛋白质、维生素）代谢和体内激素中占有重要地位。在消化过程中肝脏发挥着重要的分解、合成的作用，具有解毒、分泌和排泄等多方面的功能，尤其在脂肪、蛋白质、维生素和激素的代谢中发挥着不可替代的作用。

在原产地，藏獒的食物构成中含有大量的动物性脂肪。藏獒食入的脂肪由两类物质组成，即脂肪和类脂。前者主要分布在藏獒的皮下结缔组织、大网膜、肠系膜、肾脏周围等组织中，所以又称为贮脂，是藏獒脂肪的贮存形式。据测定，藏獒所食入的每克脂肪彻底氧化分解可以释放38千焦的能量，是糖的两倍多，且脂肪疏水，藏獒贮存脂肪并不伴有水的贮存，所以脂肪是藏獒机体贮存能量的主要形式，其含量随藏獒的营养状况而变动。在夏秋季节，草原上食物丰富，当藏獒所食入的能量物质（包括碳水化合物、脂肪）超过了犬体消耗时，就以脂肪的形式贮存起来。而在冬春季节，当食物匮乏，所食入的能量不能满足需要时，藏獒会动用体内贮存的脂肪为机体提供能量。因此每逢夏秋季节，草原上的藏獒个个膘肥体壮，为过冬贮备体脂。此外，藏獒体内还有另一类称为组织脂的物质，其主要成分是类脂，分布在所有的细胞中，是构成组织细胞膜的主要成分，参与所有细胞代谢活动。

藏獒是偏肉食性的动物，经常食入大量富含蛋白质的食物。肝脏是蛋白质代谢最重要的器官，其蛋白质的更新速度最快。藏獒的肝脏不但能合成犬体自身的蛋白质，还合成血浆蛋白，即血浆中的全部清蛋白、纤维蛋白原及部分球蛋白，凝血酶原、凝血因子Ⅸ、Ⅴ、Ⅶ、Ⅹ也都在肝脏合成，这对生活在青藏高原上藏獒的血液循

环、氧气代谢和体质健康，及对环境的适应性极为重要。

维生素是藏獒机体不可缺少的重要的生命活性物质，有人将维生素称为“体内的催化剂”。维生素缺乏将影响藏獒的健康。但是在漫长的生物进化中，藏獒肝脏的结构与功能得到加强，能贮藏多种维生素，如维生素 A、维生素 D、维生素 E、维生素 K、维生素 B_{12} 等。据测定，藏獒肝脏维生素 D 的含量是人的 300 倍。

肝脏是藏獒主要的解毒器官，在藏獒的大肠内细菌腐败作用产生的毒物或通过各种途径进入血液的药物、代谢物和毒物随血液进入肝脏后，经肝脏的分解、转化，生成毒性较低或无毒性的化合物，经尿或胆汁排出体外，保护藏獒的健康和生命安全。此外，在藏獒的正常代谢中也会产生一些有毒物质，如蛋白质代谢所产生的氨、血红素分解所产生的胆红素，也经过肝脏分别转变为尿素、葡萄糖醛酸胆红素而排出体外。藏獒肝脏的解毒方式有结合、氧化、还原、水解等方式，其中以结合与氧化最重要。肝脏发生某些疾病时，其解毒能力会降低，其次如果毒物进入体内过多，超过了肝脏的解毒能力，藏獒仍然会发生中毒现象。

藏獒肝脏的解毒功能在长期的生物进化中经自然选择不断强化，在畜牧专业上称之为肝脏的生物转化作用，其作用机制和功能反映了生物进化的水平。近年来，由于国内藏獒养殖的迅速升温，危害藏獒健康的“犬传染性肝炎”有所发展。病犬肝脏受到病毒侵染后，消化功能及代谢紊乱，健康受到严重危害，并发症相继出现，病死率亦升高。因此，保证藏獒摄食卫生，预防传染性肝炎发生在藏獒养殖中具有极重要的意义。

藏獒的肝脏有一定的排泄功能，如在正常代谢中产生的胆色素、胆固醇、碱性磷酸酶及钙和铁等，可随胆汁排出体外，而经肝脏解毒的产物则大部分随血液运送到肾脏，经尿排出体外，也有一小部分经胆汁排出。一些重金属离子，如汞、砷等毒物进入藏獒体内后，一般先保留在肝脏内，以防止向全身扩散，然后缓慢地由胆汁排出。在藏獒的肝脏功能发生障碍时，由胆管排泄的药物或毒物可能在体内蓄积而引起中毒。因此，保持藏獒肝脏的健康，对其具有极重要的生理学意义，应高度重视。

第四章　藏獒的营养与饲料

在3 000多年的育成历史中，生活在青藏高原的藏獒食物来源有两种途径。其一是主人饲喂的食物，包括牛羊肉、骨、内脏、酥油、青稞面、奶水（耗牛奶被抽提酥油后的所剩部分）等；其二是藏獒自己寻觅的食物，包括草原上冬春瘦乏死去的家畜尸体，藏獒自行猎捕的各种野生啮齿类动物，草原上的一些鲜草的新芽和嫩叶。可能是受主人的驯育，在草原上藏獒从来不吃鱼和蛙等，尽管许多河流、小溪中都有鱼，藏獒从不问津。

藏獒的摄食习惯和食物构成与藏族群众的生活和生产紧密联系，因季节不同，藏獒的食物构成有较大的不同，但总是以各种动物的肉、骨和内脏为主。

第一节　藏獒必需的营养物质

藏獒所需要的一切营养物质都来自于饲料，饲料营养物质是藏獒维持生命基本活动、生长发育、繁殖和各种生理机能的物质基础。藏獒从摄入的食料中，获得包括蛋白质、脂肪、糖类、维生素、矿物质和水等营养物质，为犬体提供营养保障，用于构成藏獒的体组织并维持藏獒基本的生命活动。饲料中的各种营养物质对藏獒有各自不同的生理作用和生物学意义。

一、水

水对藏獒维持生命非常重要。水是生命之源，各种生物生命活

动的维持都离不开水。对藏獒而言，成年犬体内的含水量占60%以上，幼年犬更高。在藏獒体内，各种营养物质的消化、吸收和运输、利用，体内各种代谢产物的排出，体内的生物化学反应的进行，藏獒体温的调节都离不开水。水对藏獒健康的保持，性能的发挥都至关重要。不仅在炎热的夏天藏獒每时每刻都需要水，在严寒的冬天，藏獒也不能缺水。藏民总结出“藏獒越冷越喝水”，冬天尽管青藏高原滴水成冰，但藏獒只要能喝到水，甚至是舔冰啃雪，就能保持机体的正常代谢并抵御严寒。藏獒体内没有专门的贮水机制，缺乏贮备水的能力，不能耐受缺水时对机体的威胁。有资料说明，当藏獒体内水分损失达到5%，就会出现缺水反应，食欲降低；水分减少到10%时，出现黏膜干燥，血液黏稠，造成循环障碍；失水达20%时就会导致藏獒死亡。正常情况下，成年藏獒每100千克体重每天需水1.5升以上，幼年犬甚至达到1.8升。高温季节、配种期或饲喂较干的食料时，必须增加饮水量。所以，饲养藏獒必须保证水的供给，最好让其自由饮水。

二、蛋白质

蛋白质是构成藏獒体组织的重要成分。藏獒个体大，供给足够量的蛋白质可保证藏獒生长发育。蛋白质用于维持犬体的新陈代谢，保证细胞和组织的更新，保持藏獒强壮的机体素质，保持其固有的抗病力、繁殖力和工作能力。所以，蛋白质是藏獒基本的生命物质。

蛋白质由20多种氨基酸组成，其中10多种氨基酸在藏獒体内不能合成或仅能合成少量，不能满足机体的需要，必须由饲料供给，称为必须氨基酸。例如，精氨酸、组氨酸、亮氨酸、异亮氨酸、赖氨酸、蛋氨酸、色氨酸、苯丙氨酸、缬氨酸和苏氨酸等，都是在藏獒体内自身不能合成，又有特殊生理意义的氨基酸。饲料中如果长期缺乏蛋白质，缺乏必需氨基酸，即会造成藏獒严重的营养不良，各种组织和器官的功能失调，生长发育受阻、迟缓，体重减轻，免疫力降低，抗病力下降。公犬性欲降低，精液数量少，精液品质差，畸形精子增多，精子活力低。母犬则出现营养不良，被毛粗乱，发情异常，不育、流产、死胎、繁殖能力降低。

在藏獒的科学养殖中，保证饲料蛋白质的数量和质量，对维护其健康极其重要。在原产地，藏獒一般不会发生蛋白质缺乏症。但在我国内地，藏獒的日粮构成发生了较大变化，一般难于提供丰富的牛羊肉骨，大多数情况是有啥喂啥，或者因所提供的蛋白质饲料大多是品质相对较差的植物蛋白，或为藏獒所厌恶的水生动物产品，严重地影响藏獒的食欲和蛋白质的营养平衡。

为了保证藏獒的营养，在藏獒每天的饲料中，必需供给充足的蛋白质，特别是动物性蛋白质。有资料说明，按蛋白质占饲料干物质的含量计算，藏獒饲料中的蛋白质含量必须保持在30%以上。处于哺乳期、断奶期、配种期和生长期时，饲料蛋白质的水平必须达到40%；其中动物性蛋白质饲料应当超过饲料总蛋白质的1/3。成年藏獒每天需要可消化蛋白质大于5克/千克体重，其中动物性蛋白质应不低于1.6克/千克体重。正处于生长发育阶段的育成藏獒，每天需要可消化蛋白质为9.6克/千克体重，以保证幼犬强度生长的营养需要。饲养实践说明，对2~8月龄的育成藏獒，在饲料中添加赖氨酸和蛋氨酸，能有效提高饲料蛋白质的利用率，故赖氨酸与蛋氨酸又被称为蛋白质饲料的强化剂。赖氨酸在藏獒的组织中不能合成，而且在藏獒的组织中被氧化脱去氨基后不能重新复原，也不能被任何一种氨基酸所代替。因此，赖氨酸是藏獒营养中的第一限制性氨基酸，蛋氨酸为第二限制性氨基酸。藏獒母乳所含蛋白质水平较高（表4-1），赖氨酸和蛋氨酸的含量都能充分满足幼犬生长发育的营养需要。饲料蛋白质水平是衡量饲料营养价值最重要的指标，在藏獒的营养配比中始终应高度重视。

表4-1　藏獒乳和牛乳成分比较

乳别	蛋白质/%	脂肪/%	乳糖/%	无机物/%
藏獒乳	9.3	9.5	3.0	1.2
牛乳	3.3	3.7	6.3	0.7

在藏獒的胃中，在胃蛋白酶、胰蛋白酶和糜蛋白酶的作用下，饲料蛋白质相继分解为蛋白胨，而肠肽酶与胰液中的羧肽酶将蛋白胨分解成氨基酸或小肽。氨基酸或小肽通过不同的转运机制经肠襞吸收，经肝脏门脉系统进入血液循环，转运到全身各器官、组织、细胞，参与新陈代谢。

三、碳水化合物

碳水化合物是由碳、氢、氧组成的有机化合物，其中包括糖、淀粉、纤维素、半纤维素、果胶及黏多糖等。碳水化合物对藏獒的主要生理作用是供给能量，多余的能量在体内转化成糖原和脂肪贮存起来，在需要时分解供给能量。

在藏獒的饲料营养中，糖是一大类仅次于蛋白质的营养物质。事实上，在藏獒产区以外的众多地区，特别是目前的家庭养藏獒的情况下，糖类成为最主要的饲料。这里所说的糖类主要是指淀粉和粗纤维，广泛存在于一些禾本科作物的籽实中，如小麦、玉米、稻谷、高粱等，这些粮食作物的加工产品，被普遍用作藏獒的饲料。但由于藏獒采食粗糙，狼吞虎咽，咀嚼不充分，加之肠管短，食糜在消化道中停留时间仅 5 ~6 小时，因而藏獒对饲料粗纤维的消化利用能力较差。粗纤维饲料主要具有刺激藏獒消化道蠕动，加快消化道内容物的排出，清理胃肠道的作用，可使藏獒感到饥饿，产生食欲。在藏獒的饲料组成中，以干物质计，一般认为粗纤维的含量不超过 5% ~10%，过多不仅不能被利用，反而会影响饲料中其他营养物质的消化吸收和利用。麦麸是一种较好的饲料，不仅粗纤维含量较高，还含有较高的镁盐，故在藏獒饲料干物质中，通常应当加入 20% ~25%，以利于藏獒消化道蠕动和及时排便，对保持藏獒消化道通畅与健康适宜。在可以被藏獒采食的各类糖类物质中的淀粉是藏獒重要的能量来源。在唾液淀粉酶、胰淀粉酶的作用下，摄入的淀粉逐渐被分解成麦芽糖、葡萄糖，经肠道吸收后，随着血液循环被运送到组织和细胞中，经生物氧化产生的能量维持藏獒各种生命功能和体温，故糖类物质对藏獒而言是主要的“能量物质”。藏獒饲料中，糖类物质供应不足，或其中的粗纤维含量太高时就会影响藏獒的能量平衡。藏獒为了维持基本的生命活动和体温的恒定，会动用体内能量的贮备物质——糖原和脂肪来补充。还不够时，就会分解体内的蛋白质来获得必需的能量。长此以往，藏獒会出现消瘦、乏弱，生长迟缓、发育停滞，成年藏獒的繁殖功能受到严重影响，母犬停止发情或不孕、流产、死胎，公犬睾丸萎缩、精液品质差、无性欲等。反之，如果饲料中糖类物质过多，藏獒很快就会发胖，过度肥胖同样不利于藏獒的生长和繁殖。

四、脂肪

脂肪是广泛存在于动、植物体内的一类有机化合物，不仅是合成体细胞的主要成分，还是机体所需能量的重要来源之一。每克脂肪充分氧化后可产生 39.33 千焦热量。脂肪是构成细胞、组织的主要成分，也是脂溶性维生素 A、维生素 D、维生素 E、维生素 K 的载体，可促进其吸收利用。皮下脂肪层具有保温的作用。脂肪还能为幼犬提供必需脂肪酸，藏獒必需脂肪酸有 3 种：亚油酸、正亚麻油酸和花生四烯酸，都是不饱和脂肪酸。此外，脂肪对幼犬的生长发育及成年犬的精子形成都十分重要。

由于环境条件的陶冶和对环境的适应，藏獒形成了极强的恋膘性，是世界上贮备能量物质最强的犬品种，体脂肪是藏獒贮备能量的主要形式。藏獒体内脂肪的含量为其体重的 15% ~20%。脂肪中的脑磷脂、固醇类物质等是构成藏獒体组织和细胞的重要成分。藏獒对食物中的脂肪有特殊的偏好，尤其是对牛、羊脂肪，或草原上啮齿类动物体脂肪，已形成了一种食癖，一旦嗅到，真是急不可待，狼吞虎咽，能强烈地刺激藏獒的食欲和消化能力。饲料中脂肪不足会引起藏獒严重的消化障碍，甚至中枢神经系统的功能障碍，出现倦怠无力，被毛粗乱，性欲降低，或母犬繁殖力降低、发情异常、流产、死胎率升高。但从饲料中摄入过多的脂肪，犬体过于肥胖，也会影响藏獒正常的生理功能，特别是影响繁殖功能。母犬过肥，卵巢被脂肪覆盖，影响卵泡发育，不能正常发情、排卵、配

种，或空怀增多，产仔数降低；公犬则性欲差，精液品质不良。脂肪摄入量过高，还会减少藏獒的食物摄入量，导致蛋白质、矿物质、维生素等营养物质不能满足其需要。通常藏獒对脂肪的需要量以每千克体重计，幼犬的需要量每日为1.3克，成年犬为1.2克。以饲料干物质计算，8%～10%为宜。

五、矿物质

藏獒所需矿物质种类多，据体内含量将矿物质分为常量元素和微量元素两大类。前者包括钙、磷、钠、镁、钾、氯、硫等，约占藏獒体重的0.01%；后者包括铁、铜、锌、锰、氟、碘、硒、钴等，占体重的0.01%以下。各种矿物质元素与藏獒组织器官的构成和功能都有密切关系，是体组织特别是骨骼、牙齿的主要成分，是维持犬体内酸碱平衡和渗透压的基本物质，是许多酶、激素和维生素发挥作用必需的辅助成分或重要成分。矿物质不足会使藏獒发育不良和发生多种疾病。在原产地，藏獒可以摄入到较多的畜肉、剩骨，满足矿物质需要。但在其他地区，矿物质的供给就十分重要。以干物质为基础计日粮中食盐的比例，成年藏獒应达到1%。为保证藏獒的生长发育，防止母犬产后瘫痪，保证公犬旺盛的性欲和精力，日粮中应保证充足的钙和磷，并注意钙磷比例为（1.5～2）：1，以保证钙、磷、铁、铜的吸收利用。据报道，我国西北内陆地区普遍缺硒，由此造成母犬发情异常或屡配不孕。缺乏铁、铜、钴时，犬常发生贫血，应注意补加。

六、维生素

维生素是具有高度生物活性的有机化合物，在机体的生命活动中起催化剂的作用，是机体正常生长发育、繁殖所必需的微量营养物质。维生素分为脂溶性和水溶性两种，脂溶性维生素有维生素A、维生素D、维生素E、维生素K；水溶性有B族维生素和维生素C等。除几种水溶性维生素，机体可以合成外，大都由饲料来提供。

藏獒维生素的缺乏也只在其原产地以外的诸多地区见到报道。由于藏獒产地有丰富的肉食、鲜奶，以及藏獒自己能自行采食到鲜草，所以各种脂溶性和水溶性维生素的摄入充足，也平衡。在其他地区，由于犬主对维生素的重要性认识不足，往往忽视在日常饲养中补加，而造成藏獒生长发育或健康受到影响。维生素是藏獒维持生命、生长发育、维持正常生理功能和新陈代谢必不可少的物质，在藏獒的营养中具有独特的生理功能。研究表明，藏獒在缺乏维生素 A 时，幼犬发育受阻，成年犬出现干眼病、繁殖功能障碍，同时表现出被毛粗乱、骨质疏松等症状。缺乏维生素 D 会影响藏獒骨骼的代谢，幼犬发生佝偻病，成年犬出现骨软症。缺乏维生素 E 则使藏獒母犬受胎率下降，出现不育、弱胎、死胎、流产等各种繁殖疾病。一些水溶性维生素缺乏时会通过影响藏獒体内某些酶的合成而影响幼犬的生长、成年犬的健康与繁殖，明显降低藏獒的生活力、抗病力和适应性，严重时甚至会导致代谢的衰竭或死亡。由于维生素本身并不进行代谢，而是通过影响犬体内某种酶类的活性或参与代谢调节过程起作用，所以对其需要量很低。对藏獒维生素的补充一般都采用食料形式。如日粮中的胡萝卜可补充犬对维生素 A 的需要。饲喂鲜肉可补充维生素 A、维生素 D。新鲜蔬菜中含有各种 B 族维生素和维生素 C。但在某些特殊生理时期，必须投喂维生素丸剂或片剂等，如在母犬发情前，对母犬和公犬都要每日定量添喂维生素 A、维生素 D、维生素 E 和复合维生素 B 等。断奶后的幼犬和老龄犬也应注意补充上述种类维生素，以提高机体抗病力。

第二节　藏獒的饲料

一、饲料原料的分类

常用的犬饲料一般分为谷物、豆类、动物性蛋白质、蔬菜类和

添加剂类饲料等五大类，各类饲料均具有多个品种。

(一) 谷物饲料

主要有稻谷、大麦、小麦、玉米和高粱等。它是供给犬机体能量最主要的来源，同时供给的 B 族维生素和无机盐也占相当的比重，其主要成分为碳水化合物、蛋白质、无机盐和维生素（表4－2）。

表4－2　谷类籽实的营养成分

项目	稻谷	大麦	小麦	玉米	高粱
粗纤维/%	9.43	5.6	2.4	1.3	2.7
粗脂肪/%	2.3	2.1	2.3	4.4	4.5
无氮浸出物/%	74.3	77.5	78.7	82.7	81.6
粗蛋白质/%	7.1	11.7~14.2	14.6	8.9	9.4
钙/%	0.045	0.046	0.06	0.11	0.05
磷/%	—	0.48	0.48	0.30	0.47
维生素 B_1/（毫克/千克）	3.1	—	5.5	—	—
维生素 B_2/（毫克/千克）	1.0	2.0	1.2	0.9	2.2
赖氨酸/%	0.31	0.52	0.38	0.30	—
蛋氨酸/%	0.20	0.20	0.16	0.20	—

谷物的主要成分是碳水化合物，是供给能量最经济的来源。缺点是蛋白质含量低，氨基酸的种类少，无机盐和维生素的含量也不高。

(二) 豆类饲料

豆类蛋白质含量较高，如黄豆蛋白质含量为36.6%，赤豆20%，豆粕44%。豆类蛋白质的氨基酸组成也较全面，赖氨酸含量较高，但蛋氨酸含量低。若与谷物配合使用，可相互补充。通常各种植物性蛋白质饲料在藏獒日粮中的比例（以饲料干物质计）不超过10%。

（三）动物性蛋白质饲料

藏獒的动物性蛋白质饲料，包括各种畜、禽肉类加工的副产品，诸如剔骨碎肉、剩骨、内脏、血液、骨粉、鱼粉、奶粉等。特别是各种家畜屠宰的副产品，如心、肝、肺、脾、肾、肠、碎肉和各种淘汰动物，孵化厂的毛蛋，淘汰的小公鸡等，都可作为藏獒的动物性蛋白质饲料。动物性蛋白质饲料能供给犬体优良的蛋白质，能补充植物性蛋白质氨基酸组成的不足，其脂肪能供给犬体能量和必需脂肪酸。尤其是肝脏，能供给犬体多种维生素和无机盐。该类饲料营养丰富、味道鲜美，易于消化吸收。

肉、蛋、鱼为10%～20%，鲜乳为3.3%～3.5%，鱼粉为30%～60%。均属于完全蛋白质。

各种饲料的脂肪含量相差较大。鱼、乳、蛋中含有的不饱和脂肪酸多，其他肉类含饱和脂肪酸多。动物性蛋白质饲料含有丰富的脂溶性维生素、一定量的B族维生素和无机盐。目前在国内常用于藏獒饲养的几种动物性蛋白质饲料营养成分列于表4－3。

表4－3　几种动物性蛋白质饲料营养成分（按干物质计）

营养成分	血粉	肉骨粉	牛肉粉	肝粉	秘鲁鱼粉	牛乳	脱脂乳	蚕蛹	蚕蛹饼
灰分/%	4.9	—	—	6.8	11.1	5.8	—	3.1	4.5
粗纤维/%	0.7	—	—	1.5	—	0	—	4.6	7.06
粗脂肪/%	1.5	—	—	17.0	10.0	28.5	—	28.8	6.45
无氮浸出物/%	3.0	—	—	31	—	37.9	—	7.9	4.62
粗蛋白质/%	83.6	30.1	84.7	71.7	72.2	27.8	35.1	55.6	77.3
钙/%	0.33	—	—	0.61	5.44	0.93	—	1.14	0.56
磷/%	0.26	—	—	1.36	3.41	0.75	—	0.66	0.23
维生素B_2/（毫克/千克）	1.7	5.2	—	50.0	—	13.4	20.5	—	—
维生素B_1/（毫克/千克）	—	0.2	—	0.2	—	2.4	3.7	—	—
赖氨酸/%	6.02	2.4	—	5.18	4.7		2.73	3.30	—
蛋氨酸/%	1.17	0.6	—	1.40	1.35	0.96	1.75	—	—
维生素B_{12}/（毫克/千克）	—	—	—	541.6	—	—	44.6	—	—

（四）蔬菜类饲料

蔬菜是维生素和无机盐的重要来源。新鲜蔬菜柔嫩多汁，含水量为65%～86%，不仅能补充犬体营养，而且具有特殊的香味，可增强犬的适口性。

蔬菜中含有丰富的B族维生素和维生素C，无机盐含量为0.3%～2.8%，主要是钙、磷、铁、钾、钠、镁、硫及微量的碘、铜等，其中钾的含量最多，其次是钙、磷、铁。蔬菜中的钙、铁、钾在机体生理上是碱性物质，可以中和体内的酸性物质，以维持酸碱平衡。蔬菜中的碳水化合物主要以淀粉、纤维素和半纤维素形式存在。

（五）添加剂类饲料

人们为了给藏獒科学地配合饲料或日粮而将藏獒所需要的各种微量元素等，以添加剂的形式添加到常规饲料中去。其包括营养性和非营养性添加剂两大类。前者又包括维生素、微量元素和氨基酸添加剂3类。后者包括生长促进剂、驱虫保健剂、调味剂、抗氧化剂等。合理使用添加剂饲料可以改善藏獒饲料的营养水平，提高饲料的利用率，提高藏獒的抗病力，促进藏獒的生长发育，提高繁殖力。添加剂饲料在使用时必须格外慎重，应当全面了解欲购添加剂的功能、性质、用法、用量和有效期后，才可使用。使用不当会造成中毒症，严重影响藏獒的健康。

二、成品饲料的分类

（一）颗粒饲料

颗粒饲料是将选用的原料按拟定的配方，通过一定的加工程序进行熟化和制粒所形成的产品。其干物质含量在90%左右。合格的颗粒饲料具有适口性好、营养全价均衡、卫生、易于长期保存、使用便捷等特点，但其成本较高。目前该类饲料品种繁多，在选用时要注意以下几点。

1. 选用品牌饲料

良好的颗粒饲料须有一定的经济实力和科技水平为支撑，品牌饲料具有较好的质量保证。

2. 注意各产品的营养成分

在饲料的包装上都标有该料的营养成分，要注意各状态犬的营养需要量与饲料的营养成分是否相符，再确定能否使用。

3. 检查饲料性状

抽样检查饲料的颜色、气味、形状的完整性和包装的密封性等，防止购入发霉、变质和过期的饲料。

4. 进行必要的检测

有条件的单位或个人可抽样进行饲料的营养成分分析，注意检测结果与标明成分是否相符。

5. 进行饲养对比试验

将拟选用饲料与原用饲料进行分组饲养对比，检查新选用饲料的饲喂效果。这是简便易行的方法。

（二）风干饲料

将选用的原料按比例混合，通过熟化加工和风干而配制的饲料，其干物质含量一般在60%左右。犬用奶粉亦可归为风干饲料，这类饲料的营养成分较全面，可进行短期的保存。

（三）稀食料

稀食料是将若干种原料进行熟化后直接使用的犬用食品，其干物质含量一般在35%以下。犬用罐头也可列为稀食料。这类饲料成本低，制作简单，故而使用面广，但未作特殊处理时则不易保存。

三、藏獒的日粮配制

（一）藏獒的日粮标准

日粮是1昼夜1只犬所采食的饲料量，按百分比配得的大量混

合饲料称为饲粮。饲粮配合必须参照犬的饲养标准，注意适口性，尽量选用营养丰富而价格低廉的饲料原料，考虑犬的消化特点，科学而又灵活地加以调配。现推荐几个藏獒日粮参考配方（表4-4）。

表4-4　藏獒日粮参考配方　/克

类别	谷物饲料	蛋白质饲料*	蔬菜	骨粉	植物油	加碘盐
工作犬	400~600	300~500	200~300	20~30	0~49	10~15
休产犬	400~600	350~500	300~400	20~30	0~52	10~15
种公犬	400~600	450~600	250~400	20~30	0~55	10~15
妊娠母犬	500~600	600~800	300~500	30~50	0~61	15~20
哺乳母犬	600~700	800~1000	300~500	40~60	0~73	15~20
3月龄内幼犬	100~300	300~500	100~150	10~15	0~34	10~15
4~8月龄幼犬	400~600	400~700	200~300	10~30	0~56	15~20

*动物性蛋白质饲料占80%，植物性蛋白质饲料占20%。

（二）藏獒的日粮配制

1. 日粮配制的原则

藏獒日粮配制非常重要，虽然藏獒是肉食性动物，但是它具有杂食性，可以利用不同原料为其配制全价营养饲料。

（1）营养全面，动、植物性饲料合理搭配　配制时首先参考藏獒不同时期对营养物质的需要量，制定出藏獒在某时期的营养需要表。在配制日粮时要注意其对动物性饲料的要求，干日粮中动物性饲料应占10%~40%，以满足藏獒对蛋白质、脂肪和碳水化合物的需求。在实际配制藏獒日粮时，各种营养素含量要略高于营养需要。

（2）充分考虑饲料的消化率，提高日粮利用率　植物性饲料中小麦、小米、玉米、水稻、高粱等要脱粒后做成熟食，蔬菜中马铃薯要蒸煮，叶菜要洗净、切碎，与其他饲料煮熟后饲喂，以提高消化率和利用率。因鱼肉中含有破坏B族维生素的酶，所以要煮熟将其破坏后才能饲喂。另外，饲料中营养素在机体内消化率并非

100%，在配制日粮时应给予补充。

（3）科学加工配制，减少营养物质损失　生肉和内脏要在水中浸泡后洗净切碎煮熟，与蔬菜、肉、米、面等充分混拌做成熟食。采用高温加工的藏獒饲料，注意不要将饲料烤焦、烤煳，破坏营养成分，影响藏獒的食欲或引起拒食。夹生饲料会引起腹泻、呕吐和消化不良。

（4）避免长期饲喂单一饲料，增强饲料的适口性和多样性　长期饲喂一种配方日粮，会引起藏獒厌食，经一段时间后，重新配制营养完全、适口性强的日粮，不断调剂饲喂，可增强藏獒的食欲。

（5）保持日粮卫生、新鲜　家养藏獒自配的日粮，除部分固体形日粮可在适宜温度下保存13天外，其他的日粮应现喂现配，饲料原料要新鲜、清洁，不发霉变质。

（6）注意藏獒饲料中的热量配比　饲料中如果热量过高，犬会发胖，体形不匀称，食欲不振或偏食。应注意的是，给藏獒饲喂残羹剩饭或与人类相同的食物，都不能满足其营养需要。若经济条件允许，可以购买市场上出售的藏獒犬犬粮，并按说明书饲喂。

2. 日粮加工过程中营养素的变化

犬粮加工有一个共同点就是要熟化，以达到熟食、软化、易消化吸收的目的。饲料在加工过程中，其营养成分均会发生变化，因而要制定出合理的加工工艺，以保证日粮的质量。

（1）蛋白质的变化　蛋白质受热首先发生凝固、收缩、变硬等现象。其变性并非蛋白质分解，组成氨基酸的排列顺序也未发生变化，仅是蛋白质空间结构的改变，这有利于改善蛋白质的消化性。大豆中胰蛋白酶抑制素失去活性。继续加热，有一部分蛋白质会分解，生成蛋白肽、蛋白胨等中间产物。它们进一步水解则分解成各种氨基酸，溶解于水中形成鲜美的汤汁，可被机体直接吸收。所以，蒸煮食物的汤汁是很好的营养品和调味剂，不能浪费。

（2）脂肪的变化　油脂在水中加热时，可水解成甘油和脂肪酸。肉类、鱼类的脂肪组织在蒸煮时不发生质的变化，但是不易保存，这在藏獒犬食品加工中要引起注意。

（3）碳水化合物的变化　藏獒饲料中主要使用碳水化合物中的

淀粉，淀粉经酶、酸和加热可分解为麦芽糖和葡萄糖，被机体吸收，提供能量。

(4) 矿物质和维生素的变化　饲料在加工受热时，矿物质会溶于汤汁中，一般不产生损耗。加工受热影响最大的营养素是维生素。按损失量大小的顺序是：维生素 C、维生素 B_1、维生素 B_2、其他 B 族维生素、维生素 A、维生素 D、维生素 E。多数维生素在酸性环境中较稳定，在碱性环境中易分解破坏，且加热时间越长，温度越高，损失越大。

3. 饲料配制与加工的注意事项

第一，根据饲养标准，参照饲料营养成分表，因地制宜地拟定饲料配方，搭配要多样化。

第二，加工时不宜洗涤过多、磨绞过碎，以减少营养素的损失。

第三，注意防止蔬菜汁的流失，减少无机盐及维生素的损失。

第四，藏獒几乎不能消化未经过熟制的禾本科籽实料，摄食未充分熟制的食料都会引起肠鸣或腹泻而损害健康。因此，烹调藏獒的食料切忌半生不熟；也应避免食料焦煳，因为犬厌恶烧煳的食物。

第五，藏獒喜食牛、羊肉骨及牛、羊屠宰的各种副产品，诸如心、肝、脾、肺、肠、血等，但应清洗干净，应在开水中煮沸 15 分钟以上，然后随同煮汤一起拌食。清洗浸泡时间不宜过长，煮沸时间以杀灭细菌和肉中寄生虫为准，肉不需过于焖烂。骨肉分开饲喂，管状硬骨应砸碎或高压煮软后再饲喂。

第六，适应藏獒偏动物食性的特点，肉汤始终是配制食料的基础，可将洗净的蔬菜切碎在肉汤中稍煮后拌入馒头或窝头。维生素等营养性添加剂必须经充分稀释后按规定用量拌入适温的食料，切忌直接煮沸。

第七，饲喂藏獒的食料温度不应过高，夏季应低于 30℃，冬季也不应超过 40℃。母犬与幼犬忌喂冰冷食物。

第八，用剩饭残汤喂藏獒必须捞除各种异物，如鱼刺、牙签、辣椒及各种调料。应与正常食料适当搭配使用，高脂肪、高盐分和有刺激性的食物不应饲喂母犬，特别是妊娠母犬。

第九，食料应随做随喂，不宜久置，更不宜过夜，剩食必须经加热处理，酸败、变质的食物严禁用以饲喂藏獒。

4. 参考日粮配方

（1）人工乳配方　鸡蛋1枚，浓缩肉骨汤300克，婴儿米粉50克，鲜牛奶200毫升，混匀后煮熟，待凉后加赖氨酸1克，蛋氨酸1克，食盐0.5克。

（2）仔犬哺乳期饲料配方　瘦肉或内脏500克（绞碎），鸡蛋3枚，玉米粉300克，青菜500克（绞碎），生长素适量，食盐4克，混匀后加水做成窝头，蒸熟后拌肉汤，再补赖氨酸4克，蛋氨酸3克，充分搅拌，供仔犬舔食。

（3）仔犬断奶期间饲料配方　玉米55%，麸皮10%，黑面14%，豆饼8%，鱼粉7%，肉骨粉4%，奶粉1%，食盐0.5%，生长素0.5%。

（4）幼犬饲料配方　玉米55%，豆饼10%，麸皮8%，黑面10%，蔬菜3%，生长素1%，鱼粉7%，肉骨粉5%，食盐1%。

第五章　藏獒的饲养管理

第一节　藏獒的标准化饲养

我国饲养藏獒的历史虽然悠久，但始终沿袭着一种传统的养殖方式，饲养粗放，缺乏科学管理，对藏獒规模化生产制约较大。目前对藏獒的营养标准的试验研究尚不够系统和全面，还没有统一的藏獒饲养标准，仅有些学者和单位根据当前养犬状况，提出各自的营养需要建议量。美国 NRC 曾颁布犬的营养需要量（1974 年和 1985 年），规定了每日每头营养需要量、对不同料型的需要量（1974 年）或每兆卡代谢能的营养需要量（1985 年）。美国饲料管理协会（AAFCO）1997 年）提出的犬饲养标准中各项指标均以饲料中的营养浓度表示，对计算配方较方便。为供养殖者参考，将 AAFCO 的饲养标准和国内有关报道中提供的犬饲养标准的大致水平列入表 5－1 和表 5－2。

表 5－1　美国饲料协会（AAFCO）的犬饲养标准（1997）

营养成分	生长和繁殖犬最低需要	成年犬维持最低需要	最大用量
粗蛋白质/%	22.0	18.0	—
精氨酸/%	0.62	0.51	—
组氨酸/%	0.22	0.18	—
异亮氨酸/%	0.45	0.37	—
亮氨酸/%	0.48	0.59	—

（续表）

营养成分	生长和繁殖犬最低需要	成年犬维持最低需要	最大用量
赖氨酸/%	0.77	0.63	—
蛋氨酸＋胱氨酸/%	0.53	0.43	—
苯丙氨酸＋酪氨酸/%	0.89	0.73	—
苏氨酸/%	0.58	0.48	—
色氨酸/%	0.20	0.15	—
缬氨酸/%	0.48	0.39	—
粗脂肪/%	8.0	5.0	—
亚油酸/%	1.0	1.0	—
钙/%	1.0	0.6	2.5
磷/%	0.8	0.5	1.6
钙磷比	1∶1	1∶1	2∶1
钾/%	0.6	0.6	—
钠/%	0.3	0.06	—
氯/%	0.45	0.09	—
镁/%	0.04	0.04	0.3
铁/（毫克/千克）	80	80	3 000
铜/（毫克/千克）	7.3	7.3	250
锰/（毫克/千克）	5.0	5.0	—
锌/（毫克/千克）	120	120	1 000
碘/（毫克/千克）	1.5	1.5	50
硒/（毫克/千克）	0.11	0.11	2
维生素 A/（单位/千克）	5 000	5 000	250 000
维生素 D_3/（单位/千克）	500	500	5 000
维生素 E/（单位/千克）	50	50	1 000
维生素 B_1/（毫克/千克）	1.0	1.0	—
维生素 B_2/（毫克/千克）	2.2	2.2	—
泛酸/（毫克/千克）	10	10	—
烟酸/（毫克/千克）	11.4	11.4	—
维生素 B_6/（毫克/千克）	1.0	1.0	—
叶酸/（毫克/千克）	0.18	1.18	—
维生素 B_{12}/（毫克/千克）	0.022	0.022	—
胆碱/（毫克/千克）	1 200	1 200	—

注：假设饲料代谢能为3.5千卡/克干物质，如高于4千卡/克干物质，应予以校正。

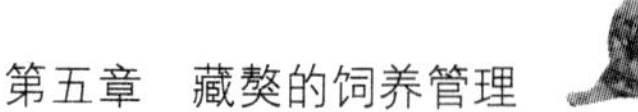

表 5－2　国内犬饲养标准推荐值

营养成分	需要量	营养成分	需要量
粗蛋白质/%	17～25	锰/(毫克/千克)	100
粗脂肪/%	3～7	铜/(毫克/千克)	3～8
粗纤维/%	3～4.5	钴/(毫克/千克)	0.3～2.0
粗灰分/%	8～10	锌/(毫克/千克)	15
碳水化合物/%	44.0～49.5	碘/(毫克/千克)	1
钙/%	1.5～1.8	维生素 A/(单位/克)	8～10
磷/%	1.1～1.2	维生素 D/(单位/克)	2～3
钠/%	0.3	维生素 B_1/(微克/克)	2～6
氯/%	0.45	维生素 B_2/(微克/克)	4～6
钾/%	0.5～0.8	烟酸/(微克/克)	50～60
镁/%	0.1～0.21	叶酸/(微克/克)	0.3～2.0
铁/(毫克/千克)	100～200	维生素 B_6/(微克/克)	40

第二节　藏獒的日常饲养管理

藏獒是世界著名的犬品种，被誉为“东方神犬”、“世界大型犬的原始祖先”，受到世界的瞩目和青睐。饲养藏獒不仅是个人的喜好，也不仅是个人对藏獒的一份爱心，更是对祖国历史文化遗产、动物遗传资源的珍惜和保护。饲养藏獒通常应注意加强两方面的工作。一方面，应重视种犬的选择和培育，对规模化养藏獒而言，即加强犬群和本品种选育工作；另一方面，应重视对犬群的日常管理，强调管理的科学化、正规化。只有重视以上两方面，才有可能培育出体态强健，品质优良的藏獒个体，真正实现关心、爱护藏獒的目的。

犬的日常管理要根据犬的生物学特征和不同阶段的生理特点制定具体措施。下面主要介绍分群、犬群结构调整和建立登记制度等几个主要方面。

一、合理分群

根据藏獒场的条件，除成年公犬、妊娠和哺乳期母犬外，其他犬可按品种、年龄、体重、强弱、性情和吃食快慢进行合理分群饲养。分群后经过一段时间的饲养，群内还会发生体重大小和体况不匀的现象，应随时加以调整。

为了避免合群初期相互咬斗的现象，应采取“留弱不留强，拆多不拆少，夜并昼不并”的原则。即将较弱的犬留在原犬舍，把较强的犬并进去；犬少的群留在原犬舍，把犬多的群拆开并进去，一般在夜间并群，也可对并群的犬身上喷药液（如来苏儿），使彼此气味不易辨别。并群的初期应多加看护。

二、调整犬群结构

犬群结构是指在一个藏獒群体中，不同性别、血统、年龄和用途的犬所占的比例和数量。合理的犬群结构对保持犬群的更新和周转，提高犬群的繁殖率和品质性能，乃至提高藏獒饲养的经济效益，降低生产成本都有至关重要的意义。有的藏獒养殖场公犬太多，徒养而无用，有的适龄母犬太少，而老龄、幼犬又太多，也不利于犬群的繁殖和扩增。在藏獒核心产区的甘南藏族自治州玛曲县，过去以盛产河曲藏獒而闻名于世，但1997年调查时，该县河曲藏獒种群内公母比例的关系是12∶1。母犬极少，使河曲藏獒的犬群内部结构严重失调，以致河曲藏獒数量锐减，品质退化，种群资源已趋濒危。同样的道理，在一个藏獒养殖场中，如果因为性别、年龄、血统或其他原因，造成犬群结构不合理，无论以后采取何种措施，也难于防止犬群的衰退与老化。

调整犬群结构就是针对在藏獒养殖中犬群内部存在的年龄差别太大，公、母犬比例不合适，血统来源狭窄，性状表现不一致等各种影响犬群品质改良和数量扩增的总体状况进行整顿。通过整顿要力求达到藏獒群内各个体间在品质、毛色、性别、年龄、血统等方

面能实现最合理的搭配和比例，保证犬群数量和质量的增长得到恰当的调控，不会因数量增长过快而影响质量，也不会因质量的过高而影响数量。通过整顿，以便于科学地组织饲养管理，加强选种选配，不断培育出品质优良、发育良好的新生代藏獒，满足社会需要。

（一）调整性别比例

在藏獒育种场或繁殖场中，为了能充分发挥种公、母犬的作用，又能有效地控制近交，防止因交配不当，出现藏獒品质退化，提倡每只公犬可搭配3～5只母犬，公母比例为1：（3～5）。这样规定，仅仅从种公犬的配种能力出发而确定，实际中还必须结合考虑到公、母犬的年龄组成，如果公犬年龄偏大，即将更换，就必须及早留出后备公犬。种公犬的选留一般采取选5留1的方案，即在预留的5只后备公犬中，经综合鉴定后只选留1只公犬作种用，而后备母犬的选留多采取选3留1的方法。据此说明，藏獒养殖场在考虑性别因素整顿犬群时，必须同时兼顾年龄因素，留有充足的后备犬，借以保证犬群的旺盛生产潜力。

（二）保持家系血统

藏獒养殖场中一般应当至少保持3个以上公犬家系和9个以上的母犬家系，称为保持血统。保持家系血统的意义，首先是为了避免近交，防止退化。资料表明，藏獒作为一个原始的地方犬品种，曾经历了严酷的自然条件磨炼和藏族牧民严格的人工选择，犬群中隐性不良基因的频率应该不高。在该犬种群中目前仅发现和报道存在髓关节脱位与上下颌咬合错位的隐性基因遗传。但近交所产生的影响是多方面的，特别是近交有可能造成群体内优良基因的丢失，会影响藏獒品种资源的保护和选育。在有一定规模的藏獒养殖场，如果没有专门的目的就应努力控制和防止近交。其中一项十分有效的措施，是尽可能按照犬群公、母比例的要求，多留不同血统的种公犬，最好达到每只公犬代表一个血统。不同家系或血统的犬往往可能在某一方面有独到之处，提倡保持血统，实际上就是保持了不同的犬只类型，为进一步加强人工选种、选配，促进藏獒品种资源保护奠定了基础。

（三）年龄组成

无论是藏獒育种场、繁殖场或商品场，在开展藏獒选育或繁殖中，都应始终注意调整犬群内部的年龄结构。在正常情况下，老龄犬不宜太多，幼犬和适龄犬比例也要适当。藏獒母犬最佳的繁殖年龄在2～5岁，公犬3～6岁，世代间隔（即繁殖1代所需要的时间）为2年。因此，老龄犬太多，犬群的平均繁殖能力会下降，犬群易老化；幼犬太多，不利于犬群的繁殖，反而会加大养殖成本。一般而言，要根据藏獒的繁殖能力、配种能力和世代间隔的长短，使各年龄阶段的藏獒保持合适的递变比例，使犬群在世代繁衍中，始终能不断淘汰老龄犬而增补幼犬，能使最优秀的个体加入种犬行列，配种、繁殖并发挥其品质性能。以优化组合的河曲藏獒保种选育核心群犬群结构为例。

核心群是为了保护河曲藏獒品种资源和加强对该品群藏獒的保护选育而建立，肩负有对该藏獒品群保护和选育的双重任务。所以群体内适当延长了世代间隔，使3岁以上公犬和2岁以上母犬比例达到3：11，公犬的淘汰率达到80%，母犬淘汰率大于66%。幼犬比例高，淘汰率大，以保持对种犬的选择强度，提高种犬的质量和品质。

（四）分级分群

在确定了犬群结构、公母比例及年龄组成后，应严格按照藏獒品种等级标准鉴定所有藏獒，按照鉴定结果淘汰品质差的个体，一则减轻经济压力，二则可以杜绝不良个体性状或基因在犬群中扩散，造成不良的影响。将留用的藏獒按照类型、毛色、性别和等级分群。凡属于特等级的母犬与公犬交配产生的后代会有最大可能留作种用，并先行作为后备种犬而加强培育，而一级或二级公、母犬的后代可能只有极少数突出的个体留作种用，大部分都可能外调或外销他用。所以，以个体鉴定为基础，对所有藏獒鉴定分群，将为

下一步公、母犬的交配和选种奠定基础，也为科学饲养和登记提供了依据。

三、建立登记制度

建立严格的登记制度，不仅利于加强对藏獒养殖的科学管理，也便于及时总结工作，发现问题，找出原因，就地解决。记录是积累藏獒养殖的有关数据和资料，为进一步推动藏獒养殖向高层次发展提供科学依据。在藏獒养殖场，应记录的资料很多，应当分门别类逐项登记，不可遗漏。记录工作越详细，其科学价值就越高，越有意义。常用的记录包括以下内容。

（一）种犬卡片

对每只参加配种的公、母犬首先应建立个体档案，称为种犬卡片或个体卡片。在个体档案的建立中，应详细登记该藏獒的编号、性别、出生日期、父亲和母亲（可能时应登记三代的简明系谱）。该藏獒初生及各个时期的生长发育资料（体尺、体重），体质外形鉴定资料，各年度的交配记录或各胎（母犬）的繁殖性能资料。核实以上各种资料、整理后填入该犬只的个体卡片，建立档案。

（二）配种记录

有了配种记录，才能确定各后代犬只之间的亲缘关系，确定已有种犬的交配效果，鉴定各种犬种用价值的大小，并进而作为日后确定交配组合的依据。在有一定规模的藏獒养殖场，配种记录可以被认为是最重要的育种资料，该资料主要登记与配公、母犬的编号、品种等级、年龄、配种日期、预计母犬的分娩时间和胎次等。

（三）分娩记录

该记录除登记与配公、母犬的编号、年龄、胎次、预计的分娩日期外，主要应记录所产仔犬的出生日期、初生重、产活仔数、仔犬的毛色、性别、存活与死亡情况，有无遗传缺陷等。该资料是对

母犬和幼犬选评的重要依据。

（四）生长发育记录

生长发育是藏獒生命周期中的两种生命现象，贯彻于藏獒生命周期的自始至终。生长发育资料，既是检查藏獒身体是否健康、发育是否正常、饲养管理是否得当的重要依据，也是一个藏獒规模养殖场开展内部管理、制定生产计划、进行财务核算的依据。为此，在建立场内犬只个体卡片的基础上，对场内所有出生的仔犬，特别是初配公犬和初产母犬的后代，乃至准备留作种用的后备犬，都应定期称重和测量体尺，进行犬只生长发育的记录登记。体尺测量指标主要应包括：最大额宽、体高、体长、胸围、管围等。称重和测量体尺的日期可安排为：初生，5、10、15、20、25、30、40 和 50 日龄，2、3、4、5、6、9、12、18 和 24 月龄。对所有称重和测量体尺所得数据要准确无误地登记到每一幼犬的个体卡片中，同时应相应登记在其父亲与母亲档案中，便于日后据此对个体本身或其父、母犬做出种用价值的分析与判断。

（五）饲料消耗记录

一般而言，个人家庭养藏獒很少过问饲料消耗的多少。但实际上，饲料消耗量不仅对藏獒个体生长发育、性状性能表现有重要影响，而且饲料利用率和对饲料的转换能力也是评定藏獒品质性能的重要内容。在同样饲养条件下，生长快、发育好的个体必然首先被选出留种。因实际中逐犬逐日记录饲料消耗量有一定困难，可以每隔一段时间测 1 次，只要各犬只测定的时间和次数相同，就可以相互比较。对饲料消耗详加记录也是加强犬场内部管理的重要内容。只有准确记录犬场在一段时间中对各种饲料的消耗、剩余、库存等资料，才便于确定犬场的饲养管理是否正常，犬群是否出现异常乃至进一步确定改进的措施。

四、日常管理工作

无论是规模化饲养藏獒，还是家庭养藏獒，为了保证犬只健康，杜绝疫病发生发展，严防出现人兽共患病，培养藏獒良好的生活习惯，不仅要有科学的饲养方法，也应有科学的管理措施。藏獒的日常管理包括以下内容。

（一）圈舍管理

藏獒喜好清洁，优良的成年犬对有限的圈舍面积会本能地计划利用。每当将犬迁入新圈后，藏獒都会仔细地嗅闻，或撒尿作标记。其间，藏獒已就地面做出了分配。例如，在坐北朝南犬圈中，藏獒多以西侧墙下为定点排粪尿的“厕所”，而在东墙下卧息，绝不会在食盆附近排泄粪尿。如能外出，绝不会在圈内排粪尿。所以，对藏獒犬舍的管理工作应按照犬的习惯进行。

1. 保持犬舍卫生

犬舍是藏獒栖息的主要场所，犬舍卫生条件的好坏直接影响犬的生长发育和健康。圈舍必须每日打扫，随时清除粪便和污物。每月大扫除1次，并消毒。夏秋时节还应每日冲洗，定期消毒，保持圈舍清洁。常用的消毒液有：3%～5%来苏儿溶液，10%～20%漂白粉乳剂，1%～3%甲醛溶液等，可用于对圈舍地面、墙面、器具、棚顶乃至犬体消毒。但在春秋季节，特别是发生犬瘟热、犬细小病毒性肠炎等传染病时，必须先将藏獒牵出，彻底清换犬舍的铺垫物，用过的铺垫物集中焚烧或深埋，再用0.5%～1%的氢氧化钠溶液认真消毒圈舍，使病原微生物无法繁殖。30分钟后，方可将犬牵入，以防药液伤害犬体。

2. 保持圈舍通风、光照、遮阴，调整小气候环境

藏獒犬舍应是敞圈，一般而言，通风条件好，自然光照好。但夏季高温，犬舍北墙下烈日炙烤，藏獒极难适应，除应有荫棚遮阳外，在有条件时，还应给犬圈地面和墙壁洒水。更可在圈舍四周栽种高大树木，创造局部的小气候环境，调整圈舍的温度和相对湿

度，使犬感到舒服为宜。对藏獒而言，环境气温在4～14℃，相对湿度60%～80%均适宜。

3. 要保持犬舍周围环境卫生

清除垃圾和杂草，粪便应定点堆放或倒入发酵池中发酵。排水沟要通畅，犬场周围应通过喷洒消毒液、投药饵或掩埋等方式，消灭蚊蝇和老鼠，保持周围环境的卫生、清洁，防病于未然。

（二）定期消毒各种器具

虽然藏獒是公认的世界上最强壮的犬品种，耐粗放饲养管理，有极好的适应性，但在人工圈养条件下，活动量小，极大地降低了藏獒的抗病能力。加之空气污染，容易造成疾病蔓延。在原产区藏獒较少接触病原，在新的环境下，有可能发病。因此，当藏獒作为最受欢迎的犬品种进入内地后，必须对其严格执行卫生防疫和消毒规程，重视对各种器具的消毒。藏獒的食具（食盆或食盘）应每犬一盆，固定使用，食盆每次使用后应立即清洁。不要随意更换犬只原来使用的食盆，否则会影响食欲。食盆应定期消毒，常用0.1%新洁尔灭溶液浸泡30分钟，亦可用0.1%高锰酸钾溶液或3%～5%来苏儿溶液等消毒，然后用清水冲洗干净。

（三）搞好犬体卫生

藏獒有较强的自身洁体能力，通过沙浴、日光浴，或在土地上打滚、抖动等形式，可将体表的灰尘、皮屑、脱毛等除去，保持皮肤和被毛的干净与光亮。但在春天换毛季节，藏獒开始褪换底层绒毛，此时给犬刷拭，不但可清洁犬体，增强犬体健康，食欲旺盛，促进血液循环，有助于藏獒尽快褪去冬毛，使藏獒看上去更加精神抖擞、清爽，更增强了藏獒与主人的亲近。刷拭的方法是由头向后，从上向下依次进行，可用毛刷或钢丝刷。从头顶开始逐一经过颈部、肩部、背腰、体侧、后躯、四肢及尾依次刷拭，可先顺毛刷，再逆毛刷，顺毛重刷，逆毛轻刷。动作不要过猛，力度不要过大，要使犬感到舒服，以犬自动与人配合为判断。刷过一侧再刷另一侧，不要漏刷。如果犬褪毛太多，或污物与毛黏结成片，可先用

浸过消毒药水的湿毛巾擦拭犬体遍身，相当于先给藏獒药浴后再刷拭，效果更好。在藏獒换毛季节每日刷拭，非换毛季节应每周刷拭1次。2月龄以上幼犬，被毛随时都有更换和脱落，为促进幼犬食欲和生长，应当每日刷拭1次。刷拭中发现犬有破皮或皮肤病、皮肤寄生虫等，应及时治疗。破皮或皮肤病可先用5%碘酊消毒，再针对病情治疗。

（四）增强运动

藏獒善于奔走，在广阔的草原上，为了保护牛羊，看护草场和觅食，每日都要奔走许多路程。远距离奔走使藏獒胸廓得到良好发育，胸宽深，四肢粗壮，关节强大，具备大量活动的结构基础。为了保证藏獒原有的体形结构，保持机体的健康和协调，无论在什么样的环境和条件下饲养藏獒都应尽可能地保证藏獒每天都能有适当的运动，以保持其体质的结实性，促进新陈代谢，增加食欲，保持健康。可以采取牵引跑步，或在一定的场院中散放自由活动等不同形式，每次活动1～2小时，早、晚各1次。对妊娠母犬应以散放自由活动为主。种公犬在配种前期和配种期则必须牵引活动，加大强制性运动。

（五）预防疾病

坚持圈舍、食具等定期消毒是预防和控制传染病的一项重要措施。餐具每周一消毒，圈舍、场地10天一消毒，犬舍门前应设消毒池，并经常添加和更换消毒液。幼犬出生后20日龄左右进行首次驱虫，6月龄以下的幼犬每月驱虫1次，成年犬每季度驱虫1次。常用的广谱驱虫药有盐酸左旋咪唑（抗蠕敏），按每千克体重10毫克口服，用于驱除犬蛔虫、钩虫、丝虫等，也可选用丙硫苯咪唑，按每千克体重25毫克口服，驱除绦虫；仔犬出生6周后可注射五联苗，用于预防狂犬病、犬瘟热、犬细小病毒病、犬传染性肝炎和犬副流感。

第三节　藏獒不同季节的饲养管理

藏獒是原始的地方品种，对产地生境条件有极强的适应，表现出在采食、发情、繁殖、哺乳、护仔等各方面与环境变化高度的协调统一，借以保证和促进藏獒健康，也促进其良好生长发育、发情配种和妊娠，或尽职尽责地完成犬的任务——守卫草场、牛羊和看护家园。在原产地，地形地貌的复杂和气候多样，使藏獒几乎每天都有春夏秋冬的遭遇，一切都依赖其自身去面对和适应。藏獒的这种适应性和应付恶劣环境的能力，造就了其坚韧、刚毅的性格和秉性，奠定了藏獒令世界倾倒的品质与性能。但在离开了养育藏獒的摇篮——青藏高原后，新的环境条件下，人类的干预和管理方式等都对其产生了相当的选择压力，藏獒必须通过各种行为反应以适应新的环境，人类也必须仔细研究藏獒所可能出现的反应而尽可能地调整配合。至此，加强不同季节或阶段藏獒的饲养管理就顺理成章了。

一、春季的饲养管理

春季是万物复苏的季节。时逢天气转暖，藏獒机体各种组织器官在结构与机能上进入了新一轮的调整，对藏獒的饲养管理应以疫病防治为主，保证犬体各种组织器官适应季节和气候转换所出现的调整，维护其健康。开春前后，藏獒体况较差，正值春乏，消化能力弱，食料必须精心调制，防止消化不良，造成犬只拉稀，引发其他病变。尤其是在我国北方，所谓春寒料峭，寒流侵袭，气候多变，疫病多发，所有藏獒都应当及时按程序免疫。对严重危害犬只健康乃至生命的犬瘟热、犬细小病毒病、狂犬病、犬副伤寒、犬冠状病毒性肠炎、犬副流感等，必须严格防疫。“防重于治”始终是春季藏獒养殖的重要内容。为适应春季的气候变化，藏獒开始换毛，每逢雨雪天应特别加强对犬只的观察和护理。对产后的母犬、

老龄犬更需要加强营养配比和食料搭配，防止犬饮食不良，外感风寒，发生疾病。为防患于未然，春季要加强卫生监理，清扫处理各种垃圾，清洗食具，严格消毒，坚持不懈地贯彻执行卫生防疫制度，不可有丝毫的马虎和大意。

春季也是对新生幼犬加强培育的关键时期。对2~4月龄的育成幼犬，应当加强疫病防治和科学饲养。幼犬2月龄后，由母体获得的抗体已逐渐消耗殆尽，而本身的抗病免疫系统尚未完全形成，易患病。所以，群众说："2月龄狗娃换肚子。"另外，2月龄以后的幼年藏獒已表现出极强的生命力，生长发育逐渐进入高峰期。据对河曲幼藏獒生长发育的研究，2~4月龄断奶幼犬最大日增重可达288克。因此，必须为幼犬提供营养丰富的全价食料，以满足其营养需要。实践证明，春季因饲养管理不善对幼犬所造成的生长发育阻碍，在幼犬以后的生长期中将很难得到补偿和恢复。

二、夏季的饲养管理

在我国中原至南方各省、自治区都有藏獒饲养。在这些地区，夏季气候炎热、潮湿，对藏獒的生长多有不利。在藏獒原产地，夏季的草原，大地葱绿、天空碧蓝、天气凉爽、食物丰富，是藏獒恢复体况与各器官功能最有利的时机。但在青藏高原以外的省、市、自治区，炎热的夏季对藏獒来说，十分艰难。入夏后，我国大部分地区，气温都在30℃左右，甚至更高，对一向喜爱凉爽的藏獒，高热环境几乎是一种折磨，只要有少许的阴凉，藏獒都会利用。在高热下，藏獒显得无神而懒散，没有食欲，不思饮食，步态蹒跚。所以，在我国内地，夏季对藏獒的饲养管理始终以减缓暑热对犬只的影响为主。有条件的饲养场可以采取搭建凉棚、种草栽树、向犬舍内洒水和加强通风等措施，为藏獒创造适宜的小气候。

夏季蚊蝇滋生，食物易腐败变质，饲喂藏獒时一定要坚持定时、定量、定质、定温的"四定"原则。坚持每天上午8~9时，下午5~6时喂食。此时天气较凉爽，犬只食欲较好。要严格把握每只藏獒的食量，坚持少给勤添，每次喂给的饲料在3~5分钟内吃完，吃到八成饱即可。所给饲料一定要清洁、卫生、品质好、营养全面，不要太热。在夏季炎热、潮湿地区，对藏獒的饲养要坚持做到单犬独喂，不给剩食，食盘不混用或共用，否则，不仅容易传染疾病，而且也因违背了犬的习性，影响其食欲。

夏季藏獒常患消化道疾病。因饲养管理不当，犬吃了腐败、变质的食物所致。如发现藏獒精神不振，食欲不佳，甚至出现呕吐、腹泻等症状，应立即请兽医诊治。

夏季，多数幼犬处在5月龄左右，正处在生长发育最强烈的阶段。对幼犬除加强营养外，应坚持“少量多餐”的原则。每日饲喂3~4次，每次饲喂量以犬在3~4分钟内吃完为好。幼犬的食料应保证充足的钙和磷供给，以满足骨骼快速生长的营养需要。幼犬贪食，如果任其自由采食，容易因暴食引起消化道疾病。所以，饲喂幼藏獒也应严格执行“四定”原则。每天按时观察记录和刷拭，每天给幼犬刷拭，不仅利于保持犬体的清洁和健康，提高犬的食欲，更能加强其对主人的认识、了解和服从。

幼犬在生长发育过程中机能旺盛，时时发生争斗、咬架、争宠等现象。所以，对幼犬的管理应格外加强，防止不测。幼年犬又正处于性格养成的最初阶段，调教也是夏日工作的一项重要内容。牧民为了使藏獒的性格得到一定控制，以免日后难以驾驭，通常在2月龄以后即开始拴系，使仔犬懂得服从主人。

三、秋季的饲养管理

秋季气候开始转冷，日照逐渐变短，气温对藏獒非常适宜，所以犬只食欲好、食量大，同时性功能也开始活动。此期对藏獒的日常管理工作的重点主要包括两方面内容：一是及时进行秋季防疫工作，对场内所有犬只进行1次体检，并记录检查结果和犬只的健康状况。及时诊治患病犬，重症病犬酌情处理或隔离。对场区彻底消毒，确定场内无病犬后，才实施免疫，注射犬五联弱毒疫苗，或犬六联弱毒疫苗。防疫结束，对全场藏獒用左旋咪唑（或丙硫苯咪唑）驱虫。二是秋季到来后，要及时改善藏獒的饲料营养标准，繁

殖适龄公、母犬应加强营养，同时加强运动，调整犬只体况，为配种做好准备。注意给公、母犬补充维生素 E、维生素 A 和复合维生素 B，食料中除注意各种营养成分的完全外，可增加食料中的新鲜蔬菜，这样既可以让犬吃饱，又不至于过肥而影响繁殖。为保证老龄犬或大龄母犬的繁殖能力，应当在母犬发情前 1 个月或更早就给母犬投服刺激卵泡发育的药物，如嗅隐亭等，此类药物可促进卵巢活动和卵泡发育，有利于提高大龄犬的排卵量，调动母犬的生殖功能，但必须以加强饲养管理，调整母犬的体况为基础。为了不影响公犬的精液品质和母犬的排卵量，在给繁殖公、母犬驱虫时不要用阿维菌素类药物。9 月份以后，体质健康、膘情适宜的经产母犬已经开始发情。9～11 月份，几乎所有的藏獒都进入发情期。此时的工作重点是仔细观察、了解每只母犬的发情表现和进展，准确掌握配种的最佳时机，确定配种计划，及时配种，为翌年生产和藏獒的选育工作奠定基础。

四、冬季的饲养管理

冬季低温环境下，藏獒食欲旺盛，食量大增，饲养管理的重点首先是保证能获得足够的食物量，要让犬吃饱吃好。在圈养条件下，切忌给藏獒投喂生、冷、霉变的食物。应重视水的补充，藏獒有天气越冷越喝水的特点，有了充足的饮水，才能维持体内正常的代谢水平，产生足够的热量以抵御严寒。饲料调制好后，待食温适宜时饲喂，最好喂热食，不会引起肚痛，也不感到寒冷，对维护犬的健康有益。应尽可能将犬放到圈外活动，多晒太阳，增强体质。犬窝内应铺设垫草，或在犬圈内铺放一块木板，免于藏獒夜间直接卧于冰凉的地面。

随着天气越来越冷，许多在 9～10 月份妊娠的母犬开始分娩。此时要做好接产、助产和产后母犬的护理等工作，让母犬尽快恢复体力，正常哺乳，保证新生仔犬的良好生长。特别是在分娩后的最初几天中，要随时观察和检查母犬有无产后感染、仔犬是否正常，全力以赴保证新生仔犬的成活，发现问题及时处理。对于初产母犬，要检查产后是否有奶，体温是否正常。确定一切正常后，护理的重点转移到对新生幼仔的看护上。据统计，初产母犬的仔犬在产后3天内的死亡率可达幼仔总死亡率的70%～100%。所以，在母犬产后3天内，时刻需要人员看护，可安排轮流值班。看护人员的主要任务是：确认每只仔犬都吃到了初乳，有没有被母犬压在腹下或背后，在母犬起身后再次卧下时尤其要注意。3天后，仔犬已有开始爬行的能力和力气，母犬也已逐渐会带仔，仔犬的安全性也就大大提高了。

藏獒是原始古老的地方犬品种，许多人都认为藏獒实际上还处于半驯化、半野生的状态。因此，在母犬分娩时要求周边环境绝对安静，无来自场外的任何嘈杂和干扰，饲养场在藏獒繁殖期间要谢绝一切参观。该举措对保证幼犬成活，提高幼犬成活率有十分重要的意义。

第四节　哺乳仔獒的饲养管理

哺乳仔藏獒是指由出生至断奶（45日龄）期间的幼犬。据统计，新生藏獒的死亡主要发生在产后1周内。为了提高仔犬在哺乳期的成活率，应采取以下综合措施，精心护理。

一、保温防风

据比较，哺乳幼犬的成活率总是藏獒原产地显著高于内地。以3岁母犬所产幼犬的断奶成活数相比较，生活在甘、青、川3省交界的河曲藏獒，平均每窝可以达到6.2只，而饲养在兰州市的藏獒，平均每窝5.9只。尽管在藏獒原产地，平均海拔达到3 500米，每年在藏獒繁殖季节的最低气温可达－40℃，但新生的幼犬却较少死亡。主要原因是在原产地，刚出生的藏獒反而可以得到较好的保暖护理。如前所述，在藏獒产区，牧区群众就地取材，为临产母犬准备了既保暖又防风的产窝，内铺软草，十分舒适，也非常方便于

临产母犬自行完成分娩和护理新生仔犬，极少发生新生仔犬被压死或踩死等现象。产窝大小适宜，保暖性能好，仅靠母犬体温，即可使产窝内温度达到必需的水平，新生仔犬也不会感到寒冷。另外，在藏獒原产地，天气越冷，母犬越本能地加强对幼犬的看护，这也是藏獒对产地恶劣环境的适应性反应。据观察测定，每年 12 月至翌年 1 月份分娩的母藏獒产后的 1～3 天几乎不吃不喝，寸步不离地护理着新生仔犬，将仔犬紧紧护搂在怀中，任由小犬吮吸乳汁。而紧紧依偎在母犬怀中的仔犬的确十分温暖，绝不会受到风寒侵袭。在此期间，母犬会不时地舔吮仔犬的阴茎（或阴门）与肛门，促使仔犬及时排出粪便，加快消化道排空，加强消化道蠕动，提高仔犬食欲和吮乳能力。促进了仔犬的生长和体质强壮，亦增强了仔犬抵抗寒冷的能力。所以，在藏獒原产地，新生藏獒的成活率相当高。特别是经产母犬会精心地、本能地护理仔犬，不会发生任何意外。特别有意义的是，观察到母藏獒在哺乳期的 3～10 天内，离开产窝和新生仔犬的时间与窝外的环境气温有直接的关系。母犬似乎掌握了在窝外一定的气温条件下，窝内仔犬可耐受寒冷刺激的时间和能力，乃至母犬可以在窝外随意活动、自由饮水、摄食或排泄粪便的时间。一般在天气晴朗、气温较高时，母犬多外出自由活动，任由仔犬在窝内沉睡。但如果窝外气温低，天气冷，母犬就很少外出或外出时间很短，即使排粪尿，也十分机警，一旦听到仔犬不安的吠叫，即刻回窝看视或护理。随着仔犬日龄的增加，仔犬迅速强壮起来，很快具备了抵抗严寒的能力，母犬也逐渐减少在窝内护理的时间，使仔犬尽可能在自然条件的影响和锻炼下日益强壮。

其实，在藏獒产区，分娩后的母藏獒对新出生仔犬的护理能力和过程，完全是藏獒的本能行为，是在漫长的种群形成中对产区生态条件的适应，也是产区生态条件对藏獒的选择和磨炼，使该犬具备了在世界最严酷的环境条件下繁衍生息的能力。可见，研究仿效母藏獒在原产地哺育护理新生仔犬的过程，保证产窝防风保温是提高仔藏獒成活率的首要措施。

二、吃足初乳和常乳

母藏獒分娩后1～3天分泌的乳汁称为初乳，3天后分泌的乳汁称为常乳。与常乳比较，初乳营养物质的含量与种类有较大不同。首先，初乳中蛋白质和维生素的含量比常乳高出许多倍，能保证新生藏獒强烈生长和发育的营养需要。初乳中镁盐含量较高，具有轻泻作用，利于新生藏獒排出胎粪，清理消化道内壁，进而可促进仔犬消化道的蠕动，促进消化液的分泌，提高仔犬的食欲和消化能力，使之产生饥饿感，大量吃母乳，增强体质和生活力。其次，初乳中含有丰富的抗体，对保证新生藏獒的健康有非常重要的意义。仔藏獒在出生前完全处于母体的严密保护之中，非常安全，母体在胚胎外围建立了专门的防卫系统或保护屏障，杜绝任何疫病对胎儿可能造成的危害，保证胚胎的正常发育。但分娩以后，新生仔犬开始独立面对一种新的生存环境，又十分纤弱，随时都有可能受到疫病侵袭而夭亡。为了保证新生仔犬的成活和健康，让其及时吃到初乳非常重要。就藏獒而言，初乳似乎是母犬为了保护仔犬的安全而准备的一份特殊的食品。仔犬吃到初乳后，立刻会在消化道形成一层保护膜，防御致病菌侵袭。同时，初乳中的母源抗体能被新生仔犬直接吸收，运送到犬体组织和器官中，增强仔犬的抗病力和体质。实践中也看到，生后1～2月龄的小藏獒在母乳的哺育下，发育良好，体格强壮，贪食、好动，很少得病。特别是从初生至1月龄的哺乳仔犬，在吃到充足的初乳后，十分健康，活泼好动，食欲旺盛，14天后即能睁眼，25天后即可时常追随母犬跑到窝外，寻求吮乳。为断奶后乃至青年期的生长和发育奠定了良好的基础。

据测定，合理的幼藏獒吮乳期约为45天，但部分发育强壮的个体在生后15天就开始摄食人工饲料。此时幼犬发育快，最高日增重会达到130克，至30日龄可达260克，45日龄可达300克。其间必须采取综合措施，在保证幼犬吮乳健康的基础上，尽可能地加强幼犬的饲料营养水平，及时补饲，幼藏獒在30日龄以后的快速生长是以完善的营养配比与供给为基础。为了保证幼犬生长的良

好势头，首先应供给充足的母乳。母乳不仅含有新生幼犬生长所需要的各种营养成分，而且能使各种营养成分的含量达到最佳配比，使各种养分的结构最适合于新生仔犬消化与吸收，并被犬体所利用。为了保证哺乳仔藏獒吃到充足的母乳，就必须重视怀孕期和哺乳期母犬的饲养管理，包括防病治病，保持犬舍干燥温暖和犬体清洁卫生，注重改善母犬的饲料组成，提高营养水平。只有母犬身体健康，具备良好的营养体况和膘情，才能保证分娩当天就开始泌乳，在整个泌乳期中保持充足的泌乳量，进而保证仔藏獒吃到充足的母乳，保持快速的生长势、生长发育强度和体质健康。

据观察，母藏獒分娩后的泌乳高峰期出现在产后第五天，能维持5～7天。产后前5天中，母犬每天哺乳（21±3）次，每次哺乳5～6分钟；产后6～10天，哺乳次数会下降到（19±2）次，但每次的哺乳时间延长到7～9分钟。母藏獒分娩后的前5天，如果只依靠母犬哺乳，仔犬的日增重只能达到30～50克，10天后，母犬的哺乳次数开始明显减少，每次哺乳的时间也降到（4±2）分钟。但此时幼犬已有较快的发育，对母乳的需求逐日增加，母乳不足以开始影响到幼藏獒的生长发育，幼犬的日增重多徘徊在70克左右。幼犬出生15天后，母藏獒每天只是早晚两次回窝哺乳，哺毕即会立刻离窝。正如前所说，藏獒幼犬出生15天以后，其机体各项功能已经逐渐适应出生后的环境，生长发育也日趋快速。此时，一方面应加强对母藏獒的饲喂，尽可能促使母犬多哺乳，以满足幼犬的营养要求；另一方面应采取措施，及时培育训练幼犬学习摄食人工饲料，弥补因母犬泌乳量下降对幼犬造成的营养不足。

三、适时给仔犬补乳或补饲

协调仔藏獒在出生15天后快速生长和母乳不足的矛盾，是保证仔犬良好发育的关键。此时大部分仔犬已睁眼，但视力较差，仍靠嗅觉寻找母犬乳头或在母犬外出时互相接近，互相依偎取暖防寒。此时的仔藏獒虽然单薄纤弱，但生命力旺盛，生长发育快速，在母乳不足时，必须及时补乳或补饲，使仔犬生长强度不受挫折。

为此，应细心观察并记录仔犬的发育状况，包括母犬哺乳的次数和时间，仔犬的日增重和发育状况。如果幼犬的日增重不能继续增加，应及时采取措施，对幼犬补乳或补饲。

通常对出生后15天左右的仔藏獒可使用乳瓶补乳，以新鲜牛乳或羊乳为好，乳温控制在18～24℃，乳温过高会使仔犬消化道黏膜被烫伤，影响吞咽和吮乳，过低会引起仔犬稀便和腹泻，都将影响仔犬的健康和生长。

补乳的第一和第二天，每只仔犬哺乳量15～20毫升，每日2次即可，以便仔犬能逐渐适应，避免仔犬出现消化不良和腹泻。从第三天开始，补乳量可逐日增加，但每次每只不应超过30毫升，每天3～4次。从补乳开始日起，应坚持每天对仔犬称重，以掌握补乳的效果。在仅用鲜乳补乳不能达到仔犬平均的生长量（70克/日）时，不应继续加大鲜乳量，可以在鲜乳中添加一定量的奶粉并逐渐加大奶粉量，即增加补乳的干物质含量。在保证仔犬发育营养需要的同时，亦避免仔犬在以后的发育阶段中消化道过于庞大，影响犬只的体形和外貌。对达到20日龄以上的仔藏獒，随着消化道的快速发育，每天的补乳量可以增加到50～100毫升，相应亦可以增加奶粉量（表5－3）。

对25日龄以上的仔犬勿需再用乳瓶，可将配好的鲜奶和奶粉放在浅碟中，训练仔犬自己舔吮。只要将1只仔犬嘴巴按到奶汁上，仔犬马上就能自己舔奶，其他仔犬也很快会仿效去舔奶。

表5－3　12～45日龄仔藏獒哺乳量

项目	12～14	15～19	20～24	25～34	35～45
鲜奶量/毫升	25	30	50	100	120
奶粉量/克	0	2	4	6	8

初次补乳的幼藏獒，容易出现腹泻、肠鸣等问题，影响仔犬食欲或健康。除坚持少量多次的原则并注意奶温适宜外，一种有效的方法是在鲜奶中配加少许食盐和炒熟的小麦面粉，有很好的收敛作用，亦可防止消化不良。

仔藏獒30日龄以后，已完全能自己摄食，且食量与日俱增。此时，除补饲鲜奶和奶粉外，可同时补加碎肉、鸡蛋、面粉和少许青菜。经熟制成糊状，再适当添加一点骨粉、鱼肝油和食盐后饲喂。每天4～5次，仍然坚持少量多次的原则。每次饲喂量以吃到八成饱为宜。即每次喂食后，仔犬吃食很快，3～5分钟即可吃完，食盆被舔得干干净净。仔犬食欲未尽，即说明喂量合适。控制仔犬的摄食量在仔犬的饲养和培育中有十分重要的意义，也是保持仔犬健康最关键的措施。幼犬生长快，食量不加控制，常会出现食入量过大，消化不良，发生腹泻、肠炎，乃至引发血痢，是造成发育不良和死亡的重要原因之一。

仔犬到45日龄左右，母犬已基本停止哺乳。此时，应逐渐减少仔藏獒与母犬接触的时间，给仔犬断奶。逐渐断奶是一种较好的断奶形式，一则可以防止母犬乳房中有残留乳汁，引起母犬乳房炎，二则不会因突然断奶引起仔犬的不安并影响食欲。

四、人工哺乳或保姆犬哺乳

这里谈及的人工哺乳，特指仔犬出生后就必须进行人工哺育的情况，多指母犬产后无奶，或因母犬产后感染，或者母犬1胎所产幼犬过多，超过母犬哺乳能力时，都必须进行人工哺乳或确定保姆犬哺乳。母藏獒一般有4对乳头，个别有5对乳头，其中只有后面3对乳头泌乳量较多，而在母犬侧卧哺乳时，并不是所有乳头都能供仔犬吮乳。为了保证同窝仔犬能均衡发育，母藏獒每窝所能哺育的新生仔犬数一般不应超过6～8只，多余的仔犬必须由人工哺乳或保姆犬哺乳。后者也包括亲生母犬产后死亡，仔犬成为孤儿的情况。

可能时，对所有人工哺乳或采取保姆犬哺乳的新生犬，都设法使之能吮到初乳，这对仔犬保活都有重要作用，除非仔犬刚出生时母犬即死亡。据测定，吃过初乳的新生犬，在人工哺乳的条件下成活率几乎可以达到100%，而生后未能吃到初乳的新生犬成活可能性很小，除非采取特别的护理方式。而产仔过多，母犬无力哺育的仔犬，在出生的头几天应尽可能让母犬哺乳3～5天。以使新生仔犬获得初乳并从中获得适量的抗体，为以后人工哺乳或代乳奠定较好的基础。对开始进行人工哺乳的仔犬，首先应注意保温保暖。可将仔犬放在保温性能较好的纸箱、木箱中，内垫以厚实的细软麦草、棉絮等物（必须先行消毒）。箱内温度开始保持在24～28℃，以后随着仔犬的生长可以逐渐降低。14日龄以后，仔犬培育箱的温度可降低到14～20℃。30日龄时，培育箱白天的温度基本可与环境气温一致，夜间仍需保持在15℃左右。这种培育方法基本是模仿母藏獒哺育仔犬的过程。仔犬出生后的1～3天，每次人工哺乳都要动作轻、时间短。只要仔犬吃到少许人工乳即可，不要强求吃得太多。只有在确定仔犬对人工饲料无不良反应，粪便正常时才逐渐加大喂量。

对初生仔藏獒人工哺乳应模仿母犬在哺乳时的动作和行为。哺乳前，先用消毒棉轻轻按摩和揉擦仔犬的肛门和阴茎（阴门），仔犬会本能地排泄大小便，增强食欲和摄食能力，待仔犬粪便排完，再用清水将仔犬肛门部擦洗干净，以免粪便污渍刺激引起仔犬肛门或阴茎（阴门）炎症。该工作要一直持续到仔犬睁眼后能自行排便才可停止。

对新生藏獒实施人工哺乳是一项非常精细的工作，应竭力实现哺乳“四定”原则，即定时、定量、定质、定温（表5－4）。

采用保姆犬哺育新生仔犬，多数情况是同窝仔犬数量太多，超过了亲生母犬的哺乳能力，迫不得已，只好为少数仔犬寻找保姆犬，实行仔犬过哺。选择保姆犬代哺时，注意选择产仔少、营养状况好、健康的多乳母犬。因母藏獒主要是用嗅觉辨认自己的仔犬，如果发现不是自己的仔犬，会拒绝哺乳。因此，在用保姆犬哺乳新生仔犬时，必须采取一定的措施，消除保姆犬的怀疑，防止发生意外。通常保姆犬都是正在哺乳的母犬，可先将保姆犬牵走，把需要过哺的仔犬放入保姆犬窝内，并用保姆犬的尿液、垫草等擦拭需过哺的仔犬，使其身上附有保姆犬的气味。这样，保姆犬就会把过哺的仔犬当成自己的仔犬。此项工作一定要细致、耐心，刚开始时，饲养人员一定要守在保姆犬身边，安抚保姆犬，在过哺仔犬安全吃

奶并与原窝仔犬混窝一段时间后，才可离开。

表 5－4　仔藏獒人工哺乳方案

仔犬日龄/天	日哺乳次数和方法/次	日哺乳量/(毫升/只)	乳温/℃	备注
3～5	12（用奶瓶）	100	25	昼夜哺乳
6～8	10（用奶瓶）	150	23	夜间减少 2 次
9～11	8（用奶瓶）	180	23	
12～14	8（用奶瓶）	200	23	
15～17	7（用奶瓶）	250	23	
18～20	6（放盘中舔食）	250	23	加入固体物
21～24	6（放盘中舔食）	300	20	加入固体物
25～27	6（放盘中舔食）	350	20	白天 4 次夜间 2 次
28～29	6（放盘中舔食）	350	20	白天 4 次夜间 2 次
30～45	5（放盘中舔食）	400	20	白天 4 次夜间 1 次

幼犬长至 45 日龄左右，即应断奶，及时给幼犬断奶就能使幼犬早日适应人工饲料，开始独立正常的生长。如不及时断奶，幼犬会贪恋母乳，不能很好地摄食人工饲料，生长受阻，也不利于母犬体况恢复。生产中也经常见到没有及时断奶的 1 窝幼犬，贪婪地在圈舍内追逐母犬，母犬几乎无处可避，加之幼犬的牙齿已长齐，尖锐，叼住母犬乳头不放，会伤害母犬乳头，极易造成母犬的乳房炎或感染，势必影响母犬哺育下一窝新生犬。

给幼犬断奶，通常有两种方法：一种是一次性断奶，即幼犬达到 45 日龄时将母犬牵走，与幼犬分开。这种方法具有断奶时间短，节省人力，小犬能及早开始独立地生活或生长的优点。但一次性断奶过于决断，母犬与幼犬突然分开后，母子间依恋，往往引起情绪不安，饮食废绝，彻夜吠叫，会影响犬只健康。为此，生产中也可采取逐渐断奶的方法，一方面要加强对幼犬的饲养管理，充分补饲，使之减少对母乳的依赖。此时日饲喂次数可达到 4～5 次。食料营养完善，适口适温，幼犬喜食。另一方面，将母犬牵出，任其在场院内玩耍，疏通筋骨。母犬经历了 45 天的哺乳，日夜劳累，难得有机会散游，所以，母犬十分欢畅，不会再过于看护幼犬。这样经历 4 ~ 5 天，母子之间的依赖会逐渐减少，利于最终断奶。另外，幼犬断奶通常在春天 2 ~ 3 月份，此时春寒料峭，幼犬如果离开母犬的护理，突然断奶，极易外感风寒，内伤饮食，发生疾患。若采用分步断奶的形式，让母犬与幼犬有机会相见，可避免幼犬出现精神沉郁、食欲废退的现象，保持基本的体况和健康。

实践中也随时可以看到母藏獒对体质纤弱、发育不良的幼犬，总能格外照顾，使之吮吸到较多母乳，得到较好发育。了解了母藏獒的这一特殊本能行为，饲养人员也可以把同一窝中发育最强壮的幼犬隔出断奶，饲以营养全面、易消化的饲料，保持断奶幼犬的正常发育；将发育中等和较差的幼犬继续由母犬哺乳，待达到一定体重、体况后再行断奶。随着哺乳幼犬的逐渐减少，母犬的乳汁分泌量会逐渐下降，这样可避免乳房中有剩乳而引起母犬不适或发生乳房炎症。最后断奶的幼犬，因吃到了较多的母乳，将会充分发育，使全窝幼犬断奶个体重达到较高的水平，保证幼犬的断奶成活率，亦奠定了断奶后乃至终生生长发育的基础，为断奶后幼犬培育创造良好条件。

五、哺乳仔獒的日常护理

事实上，对哺乳仔藏獒的日常护理，在仔犬出生时即已开始，诸如对新生仔犬的擦拭、扎脐、固定乳头、保温防冻、补乳、补饲、适时预防接种，等等。上述诸多措施，对保证新生仔犬或者说哺乳仔犬的成活率极其重要。但为了培育体质强健、发育充分的藏獒还应重视对哺乳母犬的精心护理，因为母犬的体况和健康与新生幼仔犬的健康休戚相关。

（一）多晒太阳

生长发育快速是新生仔犬重要的生物学特点，为了保持母藏獒生长强度，此时除应保证母犬营养与体况，保证母乳充足外，让仔犬充分日光浴，有利于仔犬体内合成促进骨骼发育的维生素 D。为

此，在仔犬出生后3～5天，在天气暖和、日光充足的中午，将藏獒产窝的盖顶或窝门打开，让仔犬多晒太阳，每天可持续2～3小时。犬窝经日光照晒，也有利于消毒灭菌，保持干燥，利于保暖与卫生，保证仔犬生活环境的清洁与安全。

（二）经常擦拭

尽管母犬在哺乳期间会舔食仔犬的粪便，舔净仔犬身上的污物等，但仍需经常擦拭仔犬身体，以保持犬体清洁。擦拭也有利于促进仔犬皮肤血液循环，利于促进仔犬消化器官的活动。为仔犬擦拭时应让母犬在旁，不避母犬，选择风和日丽的天气，在产窝中进行。可准备一盆消毒温水（最好是来苏儿或高锰酸钾消毒药水），先将产圈的地面和墙壁泼洒一遍，使产圈内的气味统一，然后将一毛巾在消毒液（水温25℃左右）中浸泡后，逐只擦拭仔犬。擦拭按照由前向后，由上向下，先顺毛后逆毛的顺序进行。擦拭后，即刻用干毛巾将仔犬体擦干，放回窝中。操作中动作要轻，可由2人配合进行。擦拭中不要避开母犬，可任由母犬为已擦拭后的仔犬吮舔，预防母犬不认仔，发生意外。

（三）保持产圈和产窝干燥卫生

此项工作也是对哺乳仔藏獒护理的重要内容之一。尤其在春季，因春寒料峭，风雪严寒，产圈产窝潮湿，对新生仔犬的健康和安全极为不利。除每日清扫产圈产窝和定期消毒外，还应经常更换产窝内的垫草。可先将仔犬移出，将窝内潮湿的垫草除掉，将产窝晒干，铺以新垫草。新垫草要经药物消毒和晒干后使用。早春时节，由于犬细小病毒病和犬瘟热等传染病流行，在每次清除产窝内污秽的垫草后，可将产窝用明火灼烧一次，能有效清除病原微生物。对从犬窝内所清除出来的污物，须采取无害化处理。

（四）驱虫

仔犬在吮乳、舔食、咀嚼各种物品时，会食入大量的寄生虫卵，特别是蛔虫和绦虫卵，一旦食入，仔犬就会受到寄生虫感染，表现出食欲差，精神不振，被毛粗乱，稀便等症状，不及时驱虫，幼犬很有可能因营养不良或体质纤弱，影响其生长发育，发生继发感染而死亡。慎重起见，一般在仔藏獒生后25日龄时，进行第一次粪便检查。如果发现虫卵、虫体或虫片，就应及时投药驱虫。

仔犬的驱虫应在早晨空腹时进行，按剂量投药后，一般2小时内禁食。及时清除驱虫后犬只的粪便，可用烧碱处理、烧埋或堆积发酵，以杀灭虫卵。从第一次驱虫后，可每隔1个月驱虫1次；6月龄后，可每隔半年驱虫1次。

（五）预防接种

幼犬2月龄后，从母乳中所获抗体已逐渐消耗殆尽，幼犬自身的免疫抗病能力尚未发育起来，所以，期间幼犬易患病。特别是春季，呈全国流行的犬细小病毒性肠炎、犬瘟热、犬副流感等多种烈性传染病，都对幼犬有致命的侵害。因此，结合各地气候、环境和疫病流行的特点，及时为幼犬免疫接种。据报道，目前国内疫苗的有效预防率最高仅46%，说明即使按程序严格预防接种，也并不能完全预防所有传染病。对2月龄的幼犬而言，在严格预防接种、消毒和防病、治病的同时，加强饲养管理，增强幼犬体质，仍然是提高幼犬成活率的重要措施。

第五节　育成獒的饲养管理

由于藏獒发育较慢、性成熟较迟，所以育成藏獒是指45日龄（断奶）至10月龄的藏獒，8个月的时间，无论是体形、外貌还是气质禀性都经历了发育、发展的过程。因此，抓好育成藏獒的饲养管理和培育，对形成优良藏獒熊风虎威的形态和气质禀性极为重要。

一、育成獒的生长发育特点

对初生、断奶，3、6、12 和 24 月龄公、母藏獒的体高、体长、胸围、管围及体重的定期测定表明，作为世界大型犬的原始祖先，藏獒在育成阶段生长速度较快。母犬平均日增重的高峰期发生在断奶至 6 月龄，其中尤以 3 ~6 月龄最为突出。公、母犬 3 ~6 月龄时的日增重分别可达 220. 66 和 193. 66 克。在该阶段，藏獒的消化器官发育趋于成熟，为摄取食物和保证犬体自身的营养代谢奠定了基础，育成藏獒活动量大、消耗高，采食能力旺盛。至 1 岁龄时，公、母犬体重分别达到 48. 8 和 44. 65 千克。

表 5 –5　藏獒初生至 24 月龄体重和体尺累计生长结果

年龄	数量		体重/千克		体高/厘米		体长/厘米		胸围/厘米		管围/厘米	
	公	母	公	母	公	母	公	母	公	母	公	母
初　生	37	37	0. 66	0. 66	12. 4	12. 3	18. 3	18. 3	19. 8	19. 4	7. 4	7. 0
断　奶	35	35	4. 24	4. 05	29. 9	29. 0	34. 1	33. 9	38. 6	38. 4	10. 1	10. 0
3 月龄	30	30	16. 04	14. 37	40. 7	40. 8	48. 2	48. 1	54. 3	54. 1	12. 0	11. 1
6 月龄	28	28	35. 9	31. 8	56. 7	56. 1	65. 8	61. 8	69. 8	66. 1	12. 4	12. 1
12 月龄	25	25	48. 8	44. 6	66. 5	54. 4	69. 5	65. 6	80. 6	79. 9	13. 4	12. 9
18 月龄	20	20	65. 0	52. 1	71. 5	65. 1	72. 7	69. 3	82. 5	81. 4	14. 0	13. 9
24 月龄	10	15	71. 2	59. 7	73. 2	62. 2	74. 7	72. 1	86. 5	83. 4	15. 5	14. 1

表 5 –5 说明，藏獒公犬体重在 3 月龄时（16. 04 千克）已极显著地大于母犬（14. 37 千克）（$P<0.01$），体高在 12 月龄（公犬 65 厘米，母犬 54. 5 厘米）已有极显著差异性（$P<0.01$），胸围则只在 6 月龄时（公犬 69. 8 厘米，母犬 66. 1 厘米）有显著差异（$P<0.05$）。

藏獒初生至 24 月龄体重和体尺绝对生长结果见下表 5 –6。

从表 5 –6 可见，体重的绝对生长（生长速度）在 6 月龄前持续增长，之后随日龄增加，生长速度逐渐减少。因此，从培育的角度，应高度重视幼犬在6月龄之前的饲养管理，此阶段饲料转化率（每千克饲料所能产生的生长量）最好。总之，在6月龄期间，藏獒育成犬生长发育几乎不受性别因素的影响。不同性别的藏獒体重只是在3月龄之后表现出生长发育的差别，但公、母犬各自平均日增重的高峰期发生在断奶至6月龄阶段，尤以3～6月龄最为突出。可以认为培育优良藏獒最重要的阶段是3～6月龄期间，忽视该阶段的培育，人为塑造高大雄壮、威猛强悍的藏獒理想个体已不可能。

表5－6　藏獒初生至24月龄体重和体尺绝对生长结果

生长阶段	性别	体重/克	体长/厘米	升高/厘米	胸围/厘米
初生至断奶	公	79.55	0.352	0.388	0.419
	母	76.01	0.347	0.370	0.422
断奶至3月龄	公	192.66	0.315	0.239	0.384
	母	172.89	0.315	0.236	0.349
3～6月龄	公	220.86	0.196	0.189	0.173
	母	193.66	0.153	0.170	0.133
6～12月龄	公	71.66	0.020	0.049	0.060
	母	71.38	0.019	0.018	0.076
12～18月龄	公	79.16	0.018	0.027	0.011
	母	42.20	0.017	0.010	0.008
18～24月龄	公	45.06	0.010	0.009	0.022
	母	41.00	0.009	0.006	0.012

表5－7列出藏獒骨量生长发育的统计资料。

表5－7　藏獒管围指数

性别	初生	断奶	3月龄	6月龄	12月龄	18月龄	24月龄
公	59.84	33.76	29.54	21.51	21.13	21.05	21.84
母	57.19	34.63	28.86	21.59	21.31	21.61	21.73

管围指数是指管围与体高的比值。从表5－7可见，藏獒初生犬（新生犬）管围指数最高，公、母犬分别达到59.84%和57.19%，随幼犬的发育，管围指数逐渐减少，最终稳定在21%左右。说明藏獒在初生前骨量的发育较快，亦较充分，出生后，管状骨长度的生长加快，以体高为特征的藏獒犬的体形表现呈长方形的特征，相应管围与体高的比值下降。因此，启发我们在藏獒出生以后，主要是3～6月龄期间，体高的生长速度逐渐下降；6～12月龄，乃至到成年（即24月龄），藏獒的管围指数始终保持在21%左右，没有大的变化，因此，培育体形高大藏獒最重要的时期，应当是在犬只6月龄之前，因此，应给予幼犬科学充分的饲养，抓紧藏獒在体高增长正在逐渐下降中有限的生长潜力，使犬只尽可能达到一定的犬体高度。否则，在6月龄之后，藏獒高度的增长潜力越来越小，较难再有可能实现预期的培育目标。

表5－8表示，以成年犬（24月龄）的体重、体高、体长、胸围为100%，与藏獒犬初生、断奶，3、6和12月龄的相应体重及体尺相比较，结果表明，各阶段或月龄藏獒犬体重、体高占成年的百分数，母犬始终高于公犬。6月龄时，母犬体高已达到成年的90.19%，而公犬仅77.41%，但公犬在6月龄时，体长、胸围和管围生长强度较大，该3项体尺发育的结果，使公犬在该3项的表现超过了母犬，因此可以认为，藏獒母犬的生长发育先于公犬，母犬较公犬发育快，成熟早，能较快、较早地达到成年藏獒犬所应具备的体重和体高；公犬成熟晚，发育慢，因此，在6月龄以后藏獒公犬才表现出了较大的生长势，使与体形密切联系的体长、胸围和管围的生长超过了母犬，公犬也相应表现出体形高大、胸廓宽深、肢体粗壮的雄性形态特征。

藏獒最重要的生长发育阶段在3～6月龄，此阶段的日增重可达最高，体高的生长发育也处于关键时期，如果忽略了此期的科学饲养，就很难培育出具有高大雄壮和熊风虎威形态的犬只。其次，藏獒公犬有较长的发育过程和生长期，因此培育优良藏獒公犬需要较长的时间，必须坚持不懈。对藏獒公犬而言，6月龄之后还有将近一年半继续生长发育的时间，人们绝不应放弃这一阶段对藏獒公

犬持续培育的努力。特别是个别藏獒公犬较其他犬有较好的遗传基础，相应也就有较长时间进行持续培育的机会。甘肃农业大学动物科技学院的研究表明，藏獒头形、嘴形等最能体现品种特征的性状，恰恰在1～2岁期间发育表现。藏獒典型的品种特征除体形高大外，更体现在头形与嘴形的良好表现上，美国藏獒选育协会认为，不应过度追求藏獒犬体形高大，还应注意藏獒在毛色、头形、嘴形方面的突出表现。因此，美国藏獒选育协会将藏獒公犬的体高标准定为66厘米。结合藏獒犬的类型特点和工作方向，在兼顾体高培育的同时，还应加强对其头形、嘴形的培育，人为地塑造符合人类要求的藏獒优良犬只。

表5－8　藏獒初生至18月龄体重和体尺占成年百分数　/%

年龄	数量		体重		体高		体长		胸围		管围	
	公	母	公	母	公	母	公	母	公	母	公	母
初生	37	37	0.92	1.05	16.93	19.79	24.50	25.29	22.84	23.28	47.84	49.92
断奶	35	35	5.95	6.78	40.79	46.56	45.62	46.79	44.63	46.07	64.99	71.13
3月龄	30	30	22.54	24.05	55.53	65.56	64.58	66.64	62.73	69.91	77.43	78.72
6月龄	28	28	50.45	53.23	77.41	90.19	88.15	85.75	80.71	79.29	79.94	78.07
12月龄	25	25	68.58	74.74	90.87	95.41	93.06	91.02	94.12	95.74	86.52	89.21
18月龄	20	20	88.61	87.64	97.60	98.23	97.33	96.04	95.37	97.00	90.45	98.86

二、育成獒的饲养

育成藏獒饲养的好坏直接关系到犬的一生。育成藏獒生长发育的不同时期，其身体各部的生长能力不均衡。3月龄以前的育成藏獒，主要增长躯体和体重；4～6月龄，主要增长体长；7月龄后主要增长体高。从幼犬脱离母犬，进入独立生活后，在整个生长发育时期，都需要供给充足而丰富的营养物质（表5－9）。

表 5－9　育成藏獒的营养需要量（每千克饲料）

营养物质	含量/%	营养物质	含量/%
蛋白质	21～32	钙	1.5～1.8
脂肪	3～7	磷	1.0～1.2
碳水化合物	64～69	食盐	1.0
粗纤维	3～5	钾	0.5～0.8

2～3月龄，每日喂食4～5次。日粮配方为瘦肉200克，奶300克，蛋1个，大米200克，蔬菜200克，食盐2.5克，并补给适当的维生素D和钙及鱼肝油。

4～8月龄，食量逐渐增大，日粮也应相应增加，喂食次数每日3～4次。日粮配方为瘦肉250～350克，奶300～500克，蛋1个，大米250～500克，蔬菜250～300克，食盐3～5克，并适当添加鱼肝油、骨粉和微量元素，还可喂些动物的软骨，但别喂鸡骨和生鱼骨。8月龄后育成藏獒已变成大犬，喂养即与成年犬相同（以上日粮标准是指大型犬的幼犬）。

在饲养管理方面，育成藏獒比成年犬要求高，既要防止少数育成藏獒霸食和暴食，致使其他育成藏獒少吃或吃不饱，又要在饲料配制上更加认真，保证优质新鲜，讲究卫生，现配现喂。

刚断奶藏獒的消化功能较弱，开始时喂得不宜过饱，应多喂一些煮熟（加工后）的饲料，过早地喂骨头等坚硬食物和冰冻食物都会影响其发育。刚断奶的育成藏獒吃食保持七八成饱即可，不可吃得过饱。饥饱程度的判断可以从幼犬采食的表现中看出，如果幼犬采食迅速，大口吞咽，说明食欲好。采食后食盘中还有剩余的饲料，说明喂食过多了，可能已吃得过饱。如果食盘内的食物已吃完，犬还在舔食盘并望着主人，说明它还没有吃饱。

如果你只喂养1只犬时，容易使犬出现偏食或挑食现象。为防止这种现象，可将所有应喂饲的食物充分搅拌成混合饲料，按时喂养，不喂时将食盘拿走。但饮水盆应经常保持供水。

三、育成獒的管理

由于断奶、分群以及气温、疫病等众多因素的影响，藏獒育成犬在生长发育进程中，经历着诸多的不测和考验。加强对育成犬的饲养管理对其培育有极重要的意义。该过程必须遵从藏獒育成犬的生物学特点，创造适宜其生长发育的环境和条件。育成犬的饲养管理包括以下措施。

（一）保持环境卫生

保持环境卫生，是在育成藏獒阶段饲养管理的重要内容。由于生活条件的突然改变，小藏獒精神不安，食欲不良，体质减弱，极易患病，加之时令正值春天，万物滋生，容易引起犬的传染病流行，所以，加强对育成藏獒的护理和创造卫生舒适的培育环境，即成为育成藏獒培育的关键步骤。对有一定数量或规模的藏獒饲养场，首先应坚决杜绝在场内幼犬断奶阶段引入外犬，同时应坚持不懈地使用火碱、高锰酸钾、来苏儿等消毒药品对犬舍、地面、墙壁、犬用食盘进行定期消毒（每周 2 次）。保持圈窝干燥，及时更换垫草，不使窝内潮湿，更不应有粪尿污渍。

（二）保持足够的运动

如果细心观察会发现草原上的藏獒育成犬除了采食就是在玩耍，互相追逐、撕咬。累了就地一躺，小憩片刻，又精神饱满地投入了新的兴趣活动之中。这种活动对保证藏獒育成犬各种组织器官的发育、身心健康和精力旺盛有重要意义。活动使藏獒育成犬心脏搏动有力、肺活量增加、胸廓部也得到充分的发育，使颈肌强壮，体质强健，具备了青藏高原最优秀的守卫犬所具有的体质、体况和品质性能。所以，应采取积极的措施，尽可能让藏獒育成犬得到活动和锻炼。在阳光充足、空气清新的宽敞的地方任其追逐玩耍，可每日保证 4 ~ 6 小时。条件许可时，尽可敞开圈栏，自由出入，仅在饲喂时才关入犬圈。这样藏獒育成犬在活动中使筋骨、肌肉得到

了充分的锻炼，更有机会充分进行日光浴，对预防藏獒育成犬出现佝偻病有显著作用。

（三）及时驱虫和防疫

1. 驱虫

通常在30日龄时就应开始按程序进行免疫和驱虫，驱虫的时间甚至可以提前到20日龄。草原上的藏獒由于习惯吃生肉，如牛羊肉、高原鼠、野兔、旱獭等，几乎都会受到绦虫感染。受感染的犬只又通过相互接触及粪便的污染，扩大了绦虫的感染面，蛔虫的感染亦然。一般土壤、粪便中都自然分布有蛔虫卵，习惯于随地而卧的藏獒，在体毛和皮肤上所粘附的虫卵必然多。因此，藏獒育成犬吮吸和拱舔母犬的乳房和皮肤时会受到蛔虫、绦虫感染。其次，从育成犬能自行活动时开始，对任何物品都感新奇的藏獒育成犬总是时刻不停地嗅闻、舔吮所接触到的各种物品，亦无可避免地受到虫卵感染。绦虫和蛔虫感染都会严重影响藏獒育成犬的生长发育。感染犬体况瘦弱、精神萎靡、被毛粗乱、食欲不振、发育不良、纤弱易病，甚至角膜苍白、贫血并发生死亡。因此，对受到寄生虫感染的藏獒育成犬及时诊治和驱虫。

驱虫时间应安排在藏獒仔犬25日龄左右最好。此期，仔犬处于哺乳阶段，尚有母犬的护理，体质也逐渐强壮，此时驱虫，对仔犬不会有太大的影响，强烈的生长强度能及时弥补驱虫对藏獒仔犬的影响。此时，寄生虫感染时间短，对仔犬的影响和危害亦较小，及时驱虫，不至于对犬只的健康和发育造成严重危害。其次，该日龄阶段寄生虫体也较小，易于驱除。但如果选在25日龄以前驱虫，由于藏獒仔犬体质过于纤弱，较难承受药物的毒副作用。驱虫药物较多，驱蛔灵、左旋咪唑等皆可，只要按剂量说明投药，一般安全。投药后5～6小时，应仿效母犬舔仔犬肛门的动作和形式，及时收集驱虫后仔犬排出的粪便，不使仔犬二次感染。

2. 免疫

一定意义上，对藏獒育成犬进行免疫注射，预防目前危害犬只健康甚至造成死亡的烈性传染病，较驱虫更为紧迫和重要。较适宜

的时间是30~35日龄时进行第一次预防注射。这里可分两种情况：其一，在藏獒幼犬体内来自母犬的母源性抗体含量较高，预防注射的时间应适当推迟到35日龄，甚至40日龄。这种情况实际是主人在藏獒母犬妊娠后期，即分娩前20~25天时给母犬进行1次预防烈性传染病的免疫注射，因此至母犬分娩时，体内抗体水平达到了高峰期，能维持较长时间，并可通过哺乳为仔犬提供较充足的抗体。至仔犬30日龄时，体内抗体尚足以预防疫病侵染。对这类藏獒仔犬如果防疫注射过早，反而受到犬体内抗体的抵制，使预防注射失败。其二，未对母犬在妊娠后期或者配种以前（秋季）进行过预防注射，母犬的抗病能力多由自身在适应环境过程中形成，这种母犬分娩后通过母乳输送给仔犬的母源性抗体有限，在仔犬与外界环境的接触日益增多和受环境的影响越来越大时，极易受到时疫的感染，必须及早进行预防和免疫。此类藏獒幼犬在30日龄时开始预防免疫为宜；按季节推算，应在立春前后，即每年公历2—3月份。

预防注射采用的药品种类繁多，诸如犬用三联疫苗（抵抗犬瘟热、狂犬病、犬细小病毒性肠炎）、犬用五联苗（抵抗犬瘟热、狂犬病、犬细小病毒性肠炎、犬副伤寒、犬副流感），还有犬六联苗、犬七联苗等。但一般联苗数越少，抗病效果越好。联苗数的多少，并不能说明联苗的效价。使用疫苗时，一则，应注意疫苗的有效期限、保存温度、使用方法、剂量等。疫苗是生物制品，极易因保存温度过高，超过了有效期限等原因而失效。二则，对犬注射疫苗目的在于刺激犬体产生抗体，能自发抵抗疫病的侵袭。疫苗其实是经过灭活或消除致病能力的“病原”，因之多称为“弱毒苗”，该苗发生生物学效能的前提是被注射的犬只必须是健康犬，因为健康犬具备良好的体质，具备相当的抗病力，当“弱毒苗”进入犬体时不致因体内注射了“病原”而引起疫病，并同时在外源性“病原”的刺激下，犬体自发产生能抵抗这种“病原”的抗体，即使犬经注射疫苗后产生了对应的抗病力。如果犬只不健康，或者患病、体质弱，此时注射疫苗，犬体不能有效抵抗这种“外源性”弱毒“病原”的刺激，反而极有可能引起疫病。因此，在早春气候多变时为

藏獒育成犬预防注射，应仔细检查犬只是否感冒、发热、有鼻液、稀便、精神沉郁或食欲不佳以及过量饮水等不正常表现。慎重起见，在拟定预防注射期前1周就开始检查并认真记录，对1周中表现始终正常的犬只才可实施防疫注射计划。

（四）加强日常管理

对藏獒育成犬的日常管理，除前文所述及场区应消毒、注意犬只饮食卫生、加强活动和锻炼以及按程序免疫驱虫等措施外，还包括以下内容。

第一，确定科学的饲养制度。包括每日饲喂的时间与次数，食料配制的原则和程序。

第二，定期为藏獒育成犬刷拭。藏獒育成犬3月龄后在快速生长的同时，亦不断脱落毛屑，因此定期刷拭也成为藏獒育成犬培育和护理的重要内容。

第三，及时给水。与其他品种犬相同，藏獒皮肤汗腺不发达，主要靠呼吸蒸发散热。犬体内进行各种生化反应都离不开水，所以不论是盛夏还是严冬都应随时给藏獒育成犬饮水。水要清洁卫生，温度适宜，早春切忌喂饮冰碴水，以免引起犬只腹痛、肠鸣。

第四，完善记录。完善记录是进行生产管理、疫病防治、选种选配的依据，特别在疫病发生时期，不做好日常记录，就不能确定行之有效而科学准确的防病治病方案。记录内容包括：饲养记录、生长发育记录和疫病防治记录、引入或售出记录、饲养员工作记录等。

饲养记录：包括饲料喂量、饲喂时间、有无剩食、犬只采食表现等。

生长发育记录：包括每只育成犬定期测量的体重和体尺的结果。

疫病防治记录：包括免疫时间、疫苗种类、剂量、病犬治疗方案、使用药物、病程变化、治疗结果等。

引入或售出记录：主要指引入外犬的时间，对外犬进行的消毒、免疫、隔离观察等。

饲养员工作记录：包括饲养员交接手续、有无异常、卫生消毒打扫与否、出现了什么事故、处理过程和措施等。

第六节　种公獒的饲养管理

加强对种公藏獒的培育和饲养，目的是能按其生长发育规律，充分发挥其遗传性能，不断改善饲养管理条件，人为地创造或培育出藏獒理想个体，进而推进藏獒的品种改良和资源保护。本项工作涉及对藏獒种质特性认识的诸多方面。

一、对种公獒的全面评价

一般种公犬被认为是藏獒品种的标志。在藏獒的原产地，藏族牧民历来重视对种公犬的选择和培育，也总结了一整套对优良公犬选择、鉴定和培育的要求与方法。因为在牧民的心目中，藏獒不仅只是看家护院和放牧牛羊的好帮手，更象征着主人的身份和地位，是家庭兴旺、生产繁荣的反映。藏族牧民每当在有人夸赞其家的狗高大、凶猛时，脸上都会充满自豪。所以，当我们今天谈及对种公藏獒的饲养与培育时，无论采取何种技术手段，多数人仍然以追求实现藏獒传统的体形、外貌与气质品位为目标。但是，对藏獒的培育如果单纯追求外形而忽略对犬的适应性及体质类型的选育要求，则存在一定的片面性，最终因犬只个体体质纤弱、适应性差、健康不良而影响到藏獒的生长发育，也影响到藏獒体形外貌的表现。

二、对种公獒适应性培育要求

藏獒是在青藏高原特殊的自然生态条件下育成的犬品种，除藏族牧民对藏獒独特的评价、选育要求外，青藏高原自然条件的陶冶在藏獒的品种特征与品种性能的表现上留下了深刻的印痕。其中尤以藏獒对高原环境的适应性为典型。宏观上，通常对适应性的要求

描述为以下3个方面：① 藏獒在其生活环境中能够保持健康、正常地生存和生长发育；② 能保持体形高大、性格顽强凶猛等藏獒固有的品种特征和品种性能；③ 能按时发情、配种并发挥其繁殖能力。历史和现实的资料都说明，在青藏高原复杂的地形地貌和垂直分布的气候带中，多有出类拔萃的藏獒孕育产生。因此，无论出于怎样的目的或在什么地区，为了饲养和培育一条优良的藏獒，都首先应当以保持和发展藏獒的适应性为核心，结合考虑体形、外貌和气质品位。

事实上，为了观察和了解1只藏獒的适应性，最直接和简单的方法是记录分析该藏獒的生长发育和繁殖能力的表现。如果1只藏獒在某一特定的条件下，能够保持较快的生长速度和生长强度，就不仅说明该犬是健康的，能够良好地生存，更说明该藏獒机体的各种组织器官之间已形成了有机的协调与配合，能够在该环境下充分发挥各器官的功能，使犬体与环境变化保持高度的一致和统一，维持藏獒正常的新陈代谢，吐故纳新，推进着生命进程。进而言之，如果藏獒不仅在某一环境中能正常的生长发育，而且能够按时达到性成熟，并启动性机能，正常配种，就说明该藏獒在其环境中通过中枢神经系统和内分泌系统的有机协调，保持了繁殖系统各组织与器官正常的生理机能，至此足以证明该藏獒适应了生活环境，实现了在该环境下各种组织器官之间、整个机体与环境之间的协调和统一。

为了科学地观察和了解藏獒的适应性，在记录有关数据、现象和反应时，必须保持各种有关环境条件的相对稳定和一致。诸如在测定生长发育资料时，各犬只应当处于相同的年龄，必须处于相同的饲养管理条件，包括相同的营养水平、卫生条件、场地活动条件：对发生疫病、生长缓慢、犬只死亡等各种异常情，也要如实记录，不可舍弃，更不能篡改。如果是观察记录和评定公藏獒的繁殖性能，除应对公犬生殖器官的发育做全面检查外，同时，对与配母犬的繁殖情况如实逐只记录。包括母犬的发情时间、配种时间、配种方式与条件，是否空怀，有无流产和难产，有无死胎，以及窝产仔数、初生个体重和出生窝重等均应详细记录，以便能进行各公犬配种能力和配种效果的全面比较。

藏獒的生长发育是动态的、变化的。为了通过对其资料的分析，科学地说明藏獒在某一环境中的表现或适应性，还应对所有收集的生长发育资料进行规定的处理与分析。生产中最常见的是以原始记录资料为基础，计算每只藏獒的累积生长、绝对生长和相对生长。

（一）累积生长

是对藏獒任何一个时期所测得的体重或体尺，都代表该藏獒被测定以前生长发育的累积结果，因此称为累积生长。从藏獒不同日龄或月龄的累积生长数值，可以了解到藏獒在某一环境下生长发育的一般情况，进而可以说明藏獒对环境的一般适应能力，也便于比较说明在同样的饲养条件下，各公犬间的差别。

（二）绝对生长

是指藏獒在一定时间中的生长量，可以说明藏獒在某一时间段中生长发育的速度，即克/天或千克/月。在饲养管理水平一定的前提下，通过比较藏獒在不同时期绝对生长资料，可直接说明犬只品质的优劣或适应性的好坏。

（三）相对生长

是指藏獒单位体重的生长量，即用藏獒在一段时间中增重占始重的百分率来表示。计算方法是：体重（体尺）增长量除以体重（体尺）原有量。相对生长可以反映藏獒生长发育强度，充分说明犬只的生长优势，进而科学评价藏獒的遗传品质。

为了培育藏獒的适应性，日常的饲养管理中，应以提高藏獒的健康性为核心，促进藏獒的生长发育，促进犬体各种组织器官结构和功能的完善、协调和统一。加强藏獒的适应性锻炼，加强活动，增强体能，对犬的饲养坚持科学严格的饲养管理制度，不加放纵，也不娇惯，使藏獒从小养成良好的起居、饮食、活动乃至排粪便的习惯，保证犬的健康，增进犬的适应性。

三、对种公獒体质类型和气质品位的培育要求

体质即身体素质，与藏獒的适应性有密切关系。适应性仅是藏獒体质表现的一方面。藏獒的体质是指犬只各种组织器官之间、各部位与整体之间以及整个有机体与外界环境之间保持一定的协调性和统一性的综合表现。体质可以遗传，但体质的形成又受到藏獒饲养环境条件的影响。所以，体质是藏獒选择评定的重要内容。

藏獒的生活环境十分恶劣，经常变化。在变化的环境中，种公藏獒只有具备强健的体质，才能适应各种恶劣环境，保持身体健康强壮，才能担负起配种任务并发挥其品种性能。环境气温是对动物影响最主要的气象因子，藏獒在长期的品种进化和选育中形成了对环境气温变化的适应能力。例如，在寒冷的冬季，藏獒会长出浓密的双层被毛，外周毛长密，可有效阻挡雨雪浸及犬体，内层绒毛厚软可防止体热散失。冬季，藏獒的被毛着色较深，外周毛纤维上部色深，利于吸收阳光中的红外线，提高体温，内层绒毛色浅，利于防止体温散失。但春天来到时，藏獒又能适应气温变化，及时褪去冬毛，长出夏毛。夏毛色较浅、稀疏，绒毛量较少，利于反射夏日的阳光和散发体热。着生或褪换被毛的过程说明，藏獒有极强的适应环境气温变化的能力。

体质是一种综合表现。因此，可以从藏獒体形外貌、被毛组成、精神状态、气质秉性、摄食能力和抗病力等各方面评价公藏獒体质，评价犬只个体与周边环境保持协调统一的能力，但最直观的方法是依据犬皮肤厚薄、骨骼粗细、皮下结缔组织多少，以及犬只肌肉和筋腱的坚实程度进行评定。按照藏獒生活区域的生态特征和藏獒所担负的工作任务，理想的藏獒体质应当是粗糙紧凑型，亦可略有湿润。具备这种体质的藏獒，外观要求额宽头大，骨量充实，骨骼粗壮，胸廓宽深，背腰宽平，四肢粗壮正直，皮厚有弹性，皮下脂肪丰富，耳大肥厚，肌肉筋腿坚实发达，关节强大，背毛厚密。种公藏獒在具备以上要求的基础上，更必须具备结实型，即体形紧凑、长短适中、不肥不瘦、包皮阴囊收紧、性欲旺盛等。

具备粗糙紧凑型体质的藏獒，同时应有深沉稳定的气质秉性。性格刚毅而不懦弱，凶猛而不暴烈，敏捷而不轻浮，沉稳而不迟钝，高傲而不孤僻，熊风虎威尽在其表。

俗话说，目为心镜。优良的藏獒目光坚定，神情专注，没有一丝迟疑和犹豫、胆怯和狐疑。对主人会百般温顺，对生人会高度警惕，威严、倔强、高傲，令人望而生畏。

藏獒气质秉性的形成，有历史的、人文的和生态的等因素影响，更具有遗传性。对藏獒气质秉性的鉴定、选择和培育应综合分析。一方面，要注意血统的作用，资料表明动物的性格可以遗传。藏獒的气质秉性全面地体现着它的性格和性能，应该联系其祖先的气质表现作为参考依据全面分析。另一方面，也应注意到后天环境对藏獒气质秉性形成有重要意义。藏獒绝顶聪明，在其成长的过程中，通过自身的观察、学习与经历会逐渐增长体能，增强胆识，了解自我，从而有了勇气、自信的性格。所以，在家庭养犬的情况下，对藏獒应当爱而不宠。要任自家的小藏獒去实践，探究，不要过多干涉。否则，会使藏獒无所适从，完全失去自我，丧失藏獒应有的性格。当然，对 4 ~6 月龄的育成藏獒，采取必要的拴系，控制其性格秉性的过度发展也是必需的。以防止藏獒性格中的高傲和倔强发展成孤傲不驯而难以控制。

四、种公獒的饲养管理

能培育出一条品质性能皆优的种公藏獒十分不易。生产中加强对种公犬的饲养管理，创造理想型藏獒个体，对改良、提高整个犬群的种质性能会产生重要的影响。对种公藏獒的饲养管理应注意以下几个方面。

（一）科学配合饲料

前已述及，公藏獒比母藏獒有较大的生长优势，特别是在 8 月龄以后，生长势更大，因此对公藏獒，特别是种公藏獒必须科学配比饲料，以满足其生长或配种的需要，主要营养有：蛋白质、能

量、矿物质和维生素，无论其中缺少了哪一种营养物质，都会严重影响到公犬的生长或配种能力。特别是蛋白质和矿物质不足会影响到公犬精液的品质、精子的活力、精子的密度。建议在繁殖季节来临之前，即应提高种公藏獒的营养水平，可选用牛羊鲜肉、鲜骨、鸡蛋、新鲜蔬菜、玉米粉等进行科学配比。为了能及时调动种公藏獒的性欲，应当每日给种公犬按剂量投喂维生素 A 和维生素 E。

为了保证种公犬的饮食健康，必须坚持正确的饲喂制度。每天饲喂 2 次，定时、定量、定质、定温和固定食盘，亦保持种公犬有良好的食欲，不应有剩食。

（二）保证足量的运动

即便是在草原上自由交配的公藏獒，在配种季节平均每天至多可完成 1 ~2 次交配。在我国内地的饲养条件下，种公犬日常可自由活动的范围或区域十分有限，公犬活动不足，配种能力会大幅下降。配种过程中表现出性欲不强，爬跨无力，或多次爬跨失败。显微镜检查，亦出现公犬精液品质差等问题而最终导致配种失败，错失了配种季节。因此，无论是平时还是在配种期，都应当保证种公藏獒每天有足够的运动量，以保证公犬的配种能力。如果有条件，最好采用自由活动，任由公犬在一定的场院或区域内随意游走，不仅可以提高公犬的新陈代谢水平，而且公犬在活动中更可以嗅闻到发情母犬的气息，有利于促进公犬的性欲。在缺乏自由活动场地时，可采取由人牵引活动的方式，分早晚两次在户外活动，每次不少于 1 小时。

（三）每天刷拭

刷拭不仅可以使犬体清洁，清除被毛和皮肤上的污物、皮屑及体表寄生虫，更有利于促进藏獒皮肤血液循环，促进食欲和增强藏獒性功能。可选用钢丝刷，按照从前向后，由上向下，先顺毛后逆毛的顺序操作。刷拭动作要轻，在接触眼睛、肷窝、耳朵时要格外小心。特别是第一次刷拭，如果操作不慎，养成恶癖，以后就很难操作了。

（四）建立科学规范的饲养制度

在原产地人们饲养藏獒只有一条制度，即白天拴系，夜间放开。这条制度养成了公藏獒昼伏夜出、勇敢搏击、标记、护食、埋食等一系列行为现象。在我国内地的饲养条件下，建立科学的饲养管理制度，对藏獒适应环境变化，调整犬体的生理状况有积极的意义。该制度应当包括科学安排公藏獒的饲喂、饮水、活动、刷拭和配种的时间，形成制度化，便于公藏獒能适应新环境的生活习惯，保持犬体的健康，保证较高的性欲和配种能力。

（五）建立卡片

为了全面掌握种公藏獒的配种情况，防止血统混乱，掌握配种进程，调整配种计划，应对每只种公犬建立卡片。该卡片记录登记内容主要包括公犬的名字（或犬号）、出生时间、体尺、体重、毛色、初配年龄、初配体重及与配母犬的资料。该卡片部分资料应逐步完善。例如，必须在公犬的与配母犬分娩后才可能登记到各公犬后代的活出生仔犬数、仔犬初生重、初生窝重、仔犬的毛色组成以及公犬后代生长发育的资料，便于将来对各公犬做出正确的种用价值评定。

第七节　母獒的饲养管理

饲养基础母犬的目的是为了保持犬群再生能力，繁殖新生仔犬，保证犬群的扩繁或再生产的正常开展。加强基础母犬的饲养管理是提高经济效益的关键措施，因此基础母犬的科学饲养和培育成为藏獒繁育的核心，也是一个以藏獒繁育为主的养犬场工作的核心。可以这样说，在有一定规模的藏獒养殖场，无论怎样加强内部的环境控制和饲养管理，但如果忽视了对基础母犬的严格选育和管理，其他工作将都可能付诸东流。可以将藏獒基础母犬在全年的饲养过程按其生理特征分为休情期、妊娠期、哺乳期 3 个阶段。各阶

段母犬有不同的生理状况和表现，结合这些特点，应采取相应的饲养管理措施，以保证犬的健康和体况，顺利安全地完成其繁殖过程。

一、休情期母獒的饲养管理

（一）母獒的休情期

休情期是指幼犬断奶后至母犬再次发情阶段，从时间上推算，正处于每年3月上旬至9月中旬。在这段时间中藏獒母犬多数已完成哺乳任务，所哺仔犬已基本断奶，母犬开始逐渐调整或恢复体况，性器官处于休眠状态，性功能基本停止，称为休情母犬。

藏獒母犬是在青藏高原独特的生态环境中，经自然界陶冶和人工选择所形成的原始犬品种，在种群进化中已形成了对自然环境和自然生态条件的高度适应，形成了生长发育、发情、配种乃至繁殖等生理特征与自然环境变化高度一致。所以，一般只有每年9—12月份配种，12月份至翌年1月产仔，幼犬至下一年度秋季可以有较好发育，体质强壮，足以抵抗产地高海拔条件下过早来临的严冬侵袭。如果母犬在一年的3月份以后仍然处于发情状态，虽然能妊娠产仔，但所产仔犬至冬季来临时，尚未发育到足够的强壮，不能抵御严寒的侵袭或搏击强敌，因此多较难存活。藏獒在其种群进化中所形成的这种“繁殖适应性”，是经历千百年的自然条件的陶冶和藏族牧民的严格选择而成。生态学家和生物学家称为藏獒的“繁殖策略”，既形象又准确地概括了藏獒的繁殖特点和种质特性。进而言之，目前普遍认为，品质纯正的藏獒母犬1年只发情1次，在9月下旬至11月中旬。在藏獒的原产地，母犬的发情时间还可以提前到8月下旬。

（二）休情期母獒的饲养管理

加强休情期母獒饲养管理的主要目标是促进母犬尽快恢复体况，使之尽快恢复或达到配种前应有的体况，能在下一个繁殖季节按时发情、排卵，受胎率高。对那些母性好，在哺乳过程中体贮损失较多，体况较差或体质较弱的藏獒母犬，加强饲养管理就更显重要。

1. 初断奶母獒的饲养管理

应尽量少给油腻、坚硬的食物，如动植物油、畜骨等，而应喂给易消化吸收，营养丰富的食物。因为母犬经过较长时间的哺乳，体况和体质都十分虚弱、消化能力低、消化道蠕动能力弱，不易消化的食物停留在消化道会使母犬几乎丧失食欲，也更加速了母犬体况恶化。生产实践中应先喂以柔软、流质、易消化的食物，如牛奶、豆浆、生鸡蛋、青菜（煮）和少许食盐。食物应当新鲜、食温适宜、少给勤添，日饲 3～4 次。为防止母犬体弱生病，可在断奶后的最初 1 周内，肌内注射青霉素，每次 80 万单位，每日 2 次。1 周后待母犬体况有所恢复，将饲喂次数保持在每日 3 次，食物构成中逐渐添加面食或米饭等淀粉含量较高的食物。只要精心护理，断奶后体质过分虚弱的母犬大都能在 10～15 天得到较快恢复。此时藏獒母犬精神状态首先发生较大变化，听到被隔离的小犬叫声会很敏感，不时通过栅栏缝隙张望。如若母子相见，确有久别重逢之感，那种亲热欢快的表现绝不亚于人类在同种情况下的心神交会。

2. 限制饲喂

断奶后经调整并逐渐恢复的藏獒母犬在 3 月底至 4 月初时体况开始好转，4 月中旬逐渐恢复到中等膘情。外观上母犬肷部充实，肷窝丰满，被毛开始更换。母犬的食欲开始增强，食量逐渐增加，此时可将饲喂次数减少到每日 2 次，日粮总量以干物质计，每天 0.4～0.5 千克为宜，视母犬体重和食量适当调整。此时只要藏獒母犬体况能保持在中等水平，体重不低于 40 千克，就不应再继续增加喂料量。尽管个别藏獒母犬食量较大，饲喂后片刻即已吃完，表现出食欲未尽，也应尽量控制。但应注意对食料科学配比，改善日粮的结构和品质，保证犬只的营养需要和对食物的充分消化与吸收。使藏獒母犬消化系统得到恰当的调整和适应，无论是消化管的蠕动、消化液的分泌、粪便的排出都能形成规律性，从而使藏獒母犬整体各种组织器官间形成较好的协调统一，工作与休整互相转

换，损耗与恢复互相平衡，健康逐渐增强，体况日益增进。其次，4～5 月份，天气日益转暖，我国内地已显暑热，藏獒懒动，终日睡卧，多食易出现消化不良，反而影响健康。如果出现剩食，更易腐败酸化，弃之浪费，食之影响犬的健康。所以，对处于休情期的藏獒母犬从 4 月下旬开始，就应限食，使犬只具有中等体况即可。有些热爱藏獒的人士，唯恐自己的藏獒不够胖，加餐加量，岂不知反而加重了藏獒的营养负担，过多能量贮备的结果使藏獒母犬过肥，对以后母犬发情配种极为不利。俗话说："母鸡肥了不下蛋，母猪肥了不揣仔。"其实，藏獒也一样。实践中，母犬过肥不育的例证举不胜举。

（三）休情期母獒的繁殖准备

对母獒培育较重要的时间是立秋以后，具体而言，是在 8～9 月份。据观察记录，生活在青藏高原的藏獒母犬多于 9 月中旬开始发情。具体的发情时间受犬只年龄、体况、海拔和气温的影响。海拔在 3 500米以上，2～3 岁的藏獒母犬，只要体况丰满，体质强健，一般多在 8 月底至 9 月初即进入发情阶段。甘肃省甘南藏族自治州玛曲县曼尔玛乡是河曲藏獒的核心产区，该地平均海拔 3 700 米，藏獒母犬多集中在 8 月底至 9 月初发情。发情时间比相隔 80 千米的玛曲县城同龄藏獒母犬提前 10～15 天。因此，对处于休情期的藏獒母犬要在 8 月份以后逐渐加强饲养。海拔越高，当地气温向冷季发展的时间也越早，更应及早加强饲养管理，促使母犬及早进入发情体况，按时发情配种。对无论是生长在高海拔的青藏高原或是我国中原乃至东南沿海地区的藏獒休情母犬，在当地气温逐渐下降至 10～18℃时，藏獒母犬只要体况与膘情适宜，其卵巢开始有卵泡发育，母犬即开始进入发情状态。为了保证藏獒母犬能正常发情，必须加强饲养管理，其内容包括以下几个方面。

1. 改善食料的结构和品质

经过暑期的限食，立秋后，应逐渐提高藏獒母犬食料的营养水平，使母犬能较多较快地补充各种营养的贮备，以便在发情季节到来时能及时发情配种。生产中此时藏獒休情母犬的食料中必须增加能量饲料，添加畜（禽）肉、蔬菜、矿物质（包括微量元素）、维生素（包括维生素 A、维生素 D、维生素 C 等），使母犬达到肥胖适宜，背腰平展，腹饱满、肷充实、体毛光亮柔顺、精神饱满欢畅。下面提供曾使用于藏獒休情期母犬的日粮配方，供参考。

配方一：玉米面 500 克、牛羊下水 200 克、鲜骨 100 克、蔬菜 100 克、食盐 4 克、鱼肝油丸（维生素 AD 胶丸）早、晚各 1 粒、复合维生素片 6 片。

配方二：大米 450 克、家畜内脏 300 克、鲜骨 100 克、鸡蛋 2 枚、食盐 4 克、鱼肝油丸早、晚（维生素 AD 胶丸）各 1 粒、青菜 100 克、复合维生素片 6 片。

配方三：黑面 400 克、胡麻饼 100 克、家畜内脏 200 克、鸡蛋 2 枚、鲜骨 100 克、食盐 4 克、鱼肝油丸（维生素 AD 胶丸）早、晚各 1 粒、复合维生素 6 片。

配方四：玉米 70%、畜肉 20%、鲜骨 10%、鸡蛋 2 枚、蔬菜 100 克、食盐 4 克、鱼肝油丸（维生素 AD 胶丸）早、晚各 1 粒、复合维生素片 6 片。

因秋高气爽藏獒休情母犬开始进入发情前的营养贮备阶段时，母犬多表现食欲旺盛，性情凶猛、急躁。在饲养管理中应始终注意犬只行为习性的变化，注意随时给母犬添加清洁饮水，并注意安全。

2. 锻炼体质

体质锻炼可保证母犬的健康和体况，使母犬能按时进入发情状态。每日至少保证藏獒母犬有 4 小时的户外活动时间，可以任母犬在户外自由活动，亦可在每天上午 8 ~10 时和下午 4 ~6 时由专职人员牵引游走，同时配合一定的小跑使犬进行有氧运动，增加肺活量。母犬在户外活动亦有利于接触和嗅闻到外周的各种气息，特别是外界犬只排出的尿液、粪便、掉落的毛屑都有强烈的气息，这种气味对尚处于休情期的母犬都有可能形成诸如“外激素”的刺激作用，刺激母犬卵巢的发育，利于进入发情期。

3. 卫生防疫

为了保证母犬在配种期和妊娠、哺乳期的健康，保障新生仔犬

的健康和成活率，应及时为休情母犬注射疫苗，开展秋季防疫。生产中，有些人只希望所饲养的犬只能尽早发情配种，却往往忽视对犬只的疫病防治，导致有些母犬尚未发情已发病，亦有的母犬在配种或妊娠中间发病，给生产造成了损失。所以，一般应在8月中旬开始对犬只进行预防免疫。多采用国产“犬五联苗”、“犬六联苗”等，按免疫程序接种，切忌中途停止。如果母犬在春季进行过免疫，则秋季免疫只需间隔15天进行2次免疫注射即可。

秋季气温高燥，天气多变，蚊蝇滋生，因此必须高度重视加强对母藏獒的卫生防护。

4. 注意补盐给水

由于加强了饲养管理和运动量加大，母犬体液消耗较多。因此，在饲料中应补足食盐和维生素，防止母犬生理失调，发生中暑或其他不测。另外，应注意随时喂给清洁饮水。尤其在炎热的气温条件下，犬依靠呼吸散发体热，呼吸频率的加快使母犬体内水分损失较大，不及时给水将会影响母犬的体热散发，使犬只口渴难受，烦躁不安，脾性暴躁，影响体重的增加和体况的改善。过度缺水会造成藏獒体液过分损失，影响藏獒母犬体温调节受阻，体内贮积的许多热量散发受阻导致母犬发生“热射病”。此时母犬呼吸急促，呼吸频率达到每分钟200次以上，体温升高、眼结膜充血，生命受到威胁。因此，在气候炎热季节和地区，补盐给水十分重要。在藏獒圈舍周围栽种高大树木，或给圈舍及周围多洒水，为藏獒创造阴凉通风的小气候环境，补盐给水等措施均非常有效。

二、妊娠期母獒的饲养管理

（一）藏獒胚胎发育阶段的划分

一般将配种至分娩期间称为妊娠期。对妊娠藏獒加强饲养管理的目的在于保证妊娠的正常进行，防止流产、早产，同时促进胚胎的良好发育，并努力保持妊娠藏獒不掉膘，体况适宜。对保证产后的正常哺乳及新生幼犬的发育和成活率极其重要。

一般在藏獒母犬交配后的两周内，受精卵逐渐由输卵管向子宫移行，并逐渐加强了与母体的联系。从营养来源上分析，受精卵形成的第1～6天主要依靠自身的营养发育，第7天受精卵进入子宫后则通过渗透的方式由母体子宫腺体的分泌物（子宫乳）中获取营养。藏獒母犬在配种后14～17天，胚胎已附植在子宫里，建立胎盘，可以从母体血液中吸收营养，并把代谢废物排入母体血液。藏獒的胎盘属于带状，环绕在卵圆形的尿膜绒毛膜中部，子宫内膜上也形成了相应的带状母体胎盘。配种21天后，在胎儿胎盘内开始充满了液体，在子宫外面可以看到明显的卵圆形胚胎鼓起。

藏獒妊娠期为62～63天，初配母犬可能提前1天，老龄母犬可能推后1天，2～5岁的繁殖母犬都准确地保持在63天。另外，藏獒母犬的年龄及所怀胎儿的数目，对其妊娠期限也有一定影响，产仔数越多，妊娠期可能缩短，产仔数少，妊娠期可能延长。但随着妊娠期的延长，产活仔数和仔犬的成活率都呈下降趋势。因此，可将母犬的妊娠期划分为3个阶段：第1～14天为妊娠前期，第15～45天称为妊娠中期，第46～63天为妊娠后期。妊娠期划分对人工饲养有一定的指导性。配种后前2～3周的母犬，因胎儿较小，每日喂给母犬食料的营养水平和数量都无须调整，但应特别注意按时饲喂，特别是多数受胎母犬在此阶段都有妊娠反应，出现呕吐、食欲下降等现象，所以应注意调配适口性较好的食料，保证母犬体况发生较大变化。

在原产地，到了发情配种季节，藏民群众都将白天拴系的犬只在傍晚时撒开，任其自由寻找配偶和交配。公犬在嗅闻到母犬排尿中的气味而寻觅追踪母犬，并进行交配，这种近乎自然随机化的交配方式对防止近交和藏獒种群的退化，有一定的积极意义。但因自行寻找配偶，所以较难确定所产仔犬的血统，更无法得知交配的具体时间，对母犬妊娠期限较难做出准确判断。另外，诸如母犬的交配可能持续数日，有时在强壮公犬的胁迫下，可能母犬尚未排卵，就已发生了交配，或者刚排出的卵子尚需经过2～5天后才能与精子结合，这一系列的可能性，使得妊娠阶

段的划分没有实际意义。

（二）妊娠母獒的营养要求与营养标准

妊娠前期，加强对母犬的管理十分重要。此时尽管已配种，但母犬卵巢上可能仍有卵泡发育，母犬仍继续表现出求偶欲交配的性行为，仍表现出急躁、起卧不安、时时寻机外出、不思饮食、频繁饮水等发情的行为表现。母犬尿液中仍然有较高浓度的雌激素，能吸引公犬嗅闻并引起公犬的性激动。为了寻机外出，母犬可能跳过较高的围墙，钻过较小的墙洞或篱笆间隙，可能再次交配，也可能因过度活动、挤压而发生早期流产。同时，刚形成的胚胎与母体还未形成稳定的联系，母犬子宫括约肌的强烈收缩，腹部受到的较大挤压都会使妊娠中断，或发生早期隐性流产。因此，对完成交配时间不长的母藏獒须细心观察护理，保持环境安静，避免嘈杂惊扰。对母犬应当单栏圈养，保持圈舍内通风、清洁和干爽。在妊娠 1 个月后，只要细心观察，可见其体形已开始发生变化。外观上母犬的前胸部首先粗壮，后腹部开始下垂，乳房四周的毛开始逐渐脱落，说明胚胎迅速发育，相应母犬的食欲和食量逐日增加。在牧区，此时恰逢牧民冬宰，大批量宰杀牛羊所产生的废弃物任由母藏獒摄食，可满足母犬及其胚胎的营养需要。母犬因之体况和体重有明显变化，乃至到妊娠后期，其体重与初期相比，几乎增加 30% ~ 50%。但在我国内地，一般的藏獒饲养场、饲养户，给母犬完全喂以动物性食品不现实，也不必要。主要是通过定期称重以确定母犬对饲料的需要量。以配种时的初始体重为基础，如果每天体重的相对增长量能达到原有体重的 1% ~1.5%，就说明营养水平已基本达到要求，超过 1.5% 或低于 1%，对妊娠母犬都会产生不良影响。表 5 - 10 列出妊娠母藏獒的营养需要。该表以妊娠 1 ~3 周的日粮为 100%，4 ~6 周增至 120% ~140%，7 ~9 周增至 140% ~160%。

表 5－10　妊娠母獒的日粮营养标准

营养成分	含量/%
蛋白质	20～40
碳水化合物	40～50
脂肪	10～15
钙	1.4
磷	0.9
维生素 A	5 000～10 000 单位
维生素 D	500～1 000 单位
维生素 E	50 单位

表 5－11 列出美国大中型犬的饲养标准，可与母藏獒的营养标准相对照。其中尤以藏獒的蛋白质水平较高，与藏獒在品种形成中具有的杂食性又偏动物食性有关。

以上饲养标准可结合母藏獒的具体情况，进行适当调整。例如，母獒的活动情况、环境的温度、被毛发育条件以及实际体况等。一般而言，在妊娠期的不同阶段，日饲喂量提高 15%～20%，就能使营养供给与母犬及胎儿的营养需要基本保持一致。其核心还是保证日粮的营养水平。如果饲料中蛋白质不足，特别是赖氨酸缺乏，仔犬出生时死亡率就会升高。一般而言，实际生产中，各种动物的肝脏是优良的蛋白源，每次给妊娠母藏獒喂 200～400 克动物肝脏，每周喂 3 次，有利于胎盘的发育。

妊娠母獒的日粮中补饲矿物质（包括微量元素）也非常重要，但各种矿物质特别是钙和磷都应当保持在日粮干物质的 2%，钙磷比例为（1.5～2）：1。钙磷不足会影响胚胎发育，造成胚胎早期死亡（隐性流产），或者为了维持胚胎的发育，母犬会本能地动用自身骨骼和组织中贮备的钙磷。如果饲料中长时间缺乏，会造成母犬钙磷不足，体质衰弱，食欲下降，消化、抗病力降低，或者分娩后，不仅幼仔发育不良，母犬亦大多会出现产后虚弱、产后无奶，极难保证新生仔犬的存活。在藏獒原产地，因正逢冬季屠宰，母犬可以获得充足的牛羊屠宰的副产品，特别是牧民有意饲给母犬牛、

羊头、蹄等物，母犬自行嚼食，使怀孕期母獒得到充足的矿物质，特别是钙磷的补充，对保证母獒的妊娠体况和胚胎的发育无疑十分有益。

表 5－11　大型犬每千克饲料主要营养物质的含量

营养成分	含量/%	营养物质	含量/%
蛋白质	17～25	钙	1.5～1.8
脂肪	3～7	磷	1.0～1.2
碳水化合物	44～59	食盐	1.0
粗纤维	3～5	微量元素	0.4～0.5

注：微量元素包括铜、铁、锰、硒，同时按比例添加维生素 A、维生素 D、维生素 E 等。

（三）妊娠母獒的日常管理

妊娠母獒处于一个比较特殊的生理阶段。此时，随着胚胎的日渐发育，母犬的负担亦日益增加，对饲料、环境的要求亦越加严格、标准也越高。加强对妊娠母獒的日常管理，对保证其安全分娩有重要意义。特别是大部分母犬体况此时都相对虚弱，管理不当极易出现不测。

1. 科学饲养

在饲养上，应当配给母藏獒营养科学、全价的饲料。如前所述，除应当按妊娠的发展而供给或逐渐增加饲料量外，亦应给妊娠期的母藏獒补充一些易消化，富含蛋白质、维生素和矿物质（特别是钙和磷）的食物，如肉类、动物内脏、鸡蛋、奶类和新鲜蔬菜，充分满足母犬及其胚胎的营养需要。

2. 及时防疫

为了保证母藏獒的健康并防患于未然，除在母犬发情前后（每年 9—10 月份）进行正常的免疫预防，注射诸如犬五联等疫苗外，应尽可能地在母犬妊娠期的最后阶段，即临近分娩 20 天时，补加接种疫苗 1 次。这样即使母犬分娩和体质虚弱，也足以免除犬瘟热、犬细小病毒性肠炎等烈性传染病对母犬的侵袭。同时更有助于

在哺乳阶段使新生幼犬通过母乳而获得较充足的母源性抗体，以致在新生幼犬断奶时（恰逢春天疫病发生阶段）仍有较强的抗病能力，能有效抵抗春天流行的犬传染病对幼犬的侵害。实践证明，这种能在母犬乳汁中获得较高水平抗体的幼犬，断奶后都能有较强的体质并得到良好的生长发育，可显著降低断奶幼犬的发病率和死亡率。

3. 供给清洁饮水

饮水清洁卫生无论什么时候都很重要。对于妊娠母犬而言，如果饮水不清洁，造成消化道疾病，出现胃肠道炎症或痉挛，母犬会因呕吐、努责等原因而引起流产；给母犬饲以冰冷的饲料和冰水，刺激母犬胃肠道，亦易引起胃肠道过敏，相应产生痉挛而发生流产。所以，在寒冷季节，饲喂妊娠母犬须注意食温、水温。一般喂饮的食物或饮水应保持在 18 ~25℃。

4. 每天坚持户外活动

每天保证母犬有 2 ~3 小时的户外活动，多晒太阳，多活动，不仅可以增强母犬的食欲，提高消化能力，提高母犬的营养水平和体况，更可以促进胎儿发育，顺利分娩。只是应当注意妊娠藏獒性情孤傲，单独活动，切忌将 2 条母犬同时放至户外，否则极易发生咬斗造成不测。户外活动时间不宜太长，活动不宜过于剧烈，不应快跑、过坎、越沟，以免发生流产。母犬在怀孕 50 天以后，已明显行动不便，此时行动缓慢，好静不好动。不应再以牵引等形式强迫活动，应随其自然。任其自由游走，多晒太阳，并应注意安排清洁、宽敞的棚圈作为产圈。

5. 保持圈窝卫生

产圈应光照充足，背风向阳、安静、干燥，应坚持每天消毒。产窝内垫以干净、柔软的干草，让母犬及早入窝休息或睡眠，避免母犬卧在冰冷坚硬的地面。同时为了保证母犬产后的健康，在母犬怀孕的后期，应注意犬体卫生，坚持每天梳刷犬体，梳去脱毛和犬身上粘连的污物。在母犬临近分娩的前几天，应尽可能地用消毒液或肥皂水为母犬擦洗腹部和外阴部，擦后用清水洗净擦干。这样不仅可以避免产后感染，更利于改善母犬乳房的血液循环，防止乳房炎症。

三、哺乳期母獒的饲养管理

（一）加强对哺乳母藏獒饲养管理的意义

哺乳期为分娩后至哺乳仔犬的时期，藏獒的哺乳期一般为1.5个月。

加强对藏獒哺乳母犬的饲养管理在理论和实际中都具有重要意义，在技术上也有相当的难点。从安全分娩开始，母犬的妊娠即已结束。

尽管在藏獒的原产地，藏族牧民对藏獒母犬从分娩开始就极少过问，但母犬的分娩条件绝对不同。从主人方面，在分娩之前，牧民群众早已为临产的母犬准备了安全严密的产窝，使分娩前后的藏獒母犬绝不会受到寒风侵袭。特别是在高原强烈的辐射条件下，母犬也不会因产后虚弱而受到疫病的侵染。从藏獒本身而言，在该犬品种形成的3 000多年历史进程中，藏獒高度地适应了青藏高原自然和社会生态条件，能自然地调整、保持自身的膘情和体况，使自身在临近分娩或分娩中保持最理想的体况，从而可独立地完成分娩过程，而且具有半野性性格特点的藏獒母犬在分娩时也绝对不会容许任何人看视或干扰其生产过程。直待新生小犬已能自己跑动，母犬才逐渐放任其自由活动。但在我国内地条件下，藏獒母犬无论在体质与体能上都与其原产地有较大不同，母犬不可能依靠自身对环境的适应能力而调整，使之达到完备、完善的程度。绝大多数藏獒母犬在经历了紧张的阵痛、努责等分娩过程后，已精疲力竭。

（二）以促进哺乳母藏獒体况恢复为主的饲养管理

前已述及，经历了分娩的母藏獒体质极端虚弱，必须加强饲养管理，使母犬尽快恢复体况。

对刚刚完成分娩过程的母藏獒一般应当任其自行休息，尽量减少人为干扰。至少在产后的4～6小时内一定要保持周边环境的安静，让母犬安心静卧，自行调养心境，安息脾性。

分娩4～6小时后，就应供给母犬清洁适温的饮水。水温适宜，不可太烫，也不能过凉，过凉会刺激母犬胃肠道，引起过敏和腹痛。同时，应在水中加入少许食盐和葡萄糖或加入民间常用的红糖。后者还有促进母犬血液循环、排除子宫内瘀血的作用。母犬产后口干，可适当使之多饮水，利于促进体内生理功能的调整。

饮水后母犬多会随即出窝排粪便，此时主人应一方面抓紧时机给母犬肌内注射青霉素，每只犬每次80万国际单位，每天2次，连续注射3～5天，以防母犬发生产后感染。另一方面，应及时安排给产窝更换铺草。因为母藏獒分娩中造成产窝内褥草浸湿，对新生幼犬和母犬都极不利，这是目前在国内许多地区造成新生幼犬死亡率高的原因之一。实践证明，更换新草是提高母藏獒健康水平、提高母犬体能十分有效的措施。如果产窝内潮湿寒冷，完全依靠母犬体温温暖，会使母犬体热损失太多，体况变差，严重影响健康和对新生幼犬的护理。但在更换铺草时，动作要熟练，时间不可延之过久，以免新生犬着凉。

母藏獒产后虚弱，食欲尽失，消化力极弱，应当精心护理，使之尽快恢复体况和体力，增强体能。为此，在母藏獒产后的最初两天，可喂给母犬适温的牛奶或其他营养丰富的流质食料，并加入少量的食盐，应坚持少量多次的原则。自产后第3天开始，可在牛奶中加入少量的碎肉、蔬菜和玉米面，并给母犬加喂维生素和健胃消食片等。在整个哺乳期间，要切忌喂给母犬硬骨、过量的动物脂肪和酸辣有刺激性的食品。产后母藏獒的状态恢复需有一定的过程。如果恢复正常，产后1周左右，母犬的体况才开始逐渐好转，母犬的食量也逐渐增大。其间，不应操之过急，要坚持对母藏獒逐步调理，待母犬的各种组织与器官功能逐渐强壮，母犬随着幼犬的发育和泌乳量的增加食量日渐加大时，可随之安排加大饲喂量。表5－12提供哺乳母藏獒营养标准（实验标准）和适用于哺乳母藏獒营养需要的饲料配方供参考使用。

表 5-12　哺乳母獒营养标准（实验标准）

营养成分	含量/%	哺乳周数	饲喂量/克
蛋白质	30~35	1 周	90
碳水化合物	50~55	2 周	100
粗脂肪	4~7	3 周	120
钙	1.4	4~6 周	130~160
磷	0.9		
维生素 A	5 000~10 000 单位		
维生素 D	500~1 000 单位		
维生素 E	50 单位		

甘肃农业大学藏獒选育中心对哺乳母藏獒所采用的饲料配方如下。

配方一：鲜奶 1~1.5 千克，奶粉 80 克，瘦肉 100 克，葡萄糖粉 60 克，蔬菜 100 克，食盐 15 克。此方供哺乳母藏獒第 1 周用。

配方二：鲜奶 1.5 千克，奶粉 100 克，玉米粉 300 克，瘦肉 250 克，蔬菜 200 克，胡麻饼 50 克，食盐 20 克。此为哺乳母藏獒第 2 和第 3 周的饲料配方。

配方三：鲜奶 1 千克，瘦肉 600 克，玉米粉 400 克，蔬菜 300 克，胡麻饼 100 克，鸡蛋 150 克，骨粉 50 克，食盐 20 克，维生素 A 5 000 单位（2 粒），复合维生素 B 60 毫克（6 片）。此为哺乳母藏獒第 4~6 周的饲料配方。

母藏獒在产后恢复体况的同时，哺乳的负担在逐日增加。特别是产后第一周，母犬体质较弱，胃肠道功能较差，而新生幼犬吮乳的要求却越来越强。为了满足哺乳的需要，母犬往往贪食，消化不良，对母犬的消化系统造成十分严重的伤害，表现为消化道积食、溃疡乃至消化道坏死的病例都有发生。此时，母犬已很难再担负哺乳的任务了。加强对产后哺乳母藏獒的饲养管理，应密切结合犬只的体质、体况和产后的恢复情况精心护理，随时调整，使之能尽快从产后的虚弱状况中强壮起来。要保持犬体与产圈卫生，让母藏獒适当运动，多晒太阳，经常刷拭，以增强母犬体质。

（三）以提高哺乳母藏獒泌乳能力为主的饲养管理

据测定，新生藏獒的体重仅 450～550 克，单薄纤弱，但幼犬却有极强的生命力。出生后第一周幼犬每天的日增重 50～80 克，第二周可超过 100 克。新生幼犬的强烈生长以母乳的丰富营养和充足供给为保障，因此，加强对哺乳母藏獒的饲养管理，对促进新生犬的培育、保证新生犬良好的生长发育有重要意义。

对哺乳母藏獒加强饲养管理的工作应当在母犬的妊娠后期即行开始，该阶段母犬的生理负担重，快速发育的胚胎，需要得到充足的营养保证。对母藏獒体内的营养贮备消耗较大，及时给母犬补充营养，才能保持母犬的妊娠体况，也才能保证分娩后母犬不会因过度虚弱而出现产后瘫痪或无奶，以致影响到新生幼犬的哺育。

实践中，出于对母犬的关爱，一般犬主尚能注意加强对妊娠母藏獒的饲养管理，注意饲料的调配、日粮的结构和品质，并实行科学的饲喂制度。但分娩后，主人可能会更多地关心幼犬而忽视对母犬的饲养管理，往往造成母犬产后体况不能得到及时调理和恢复，体况差、少乳或无乳而影响到幼犬的发育。因此，对产后母藏獒的饲养管理仍然应该以促进母犬体况及时恢复为重点，保证母犬健康，进而提高母犬的泌乳量，促进幼犬的生长和发育。

仅就提高母藏獒泌乳量而言，在藏獒产区，牧民群众并不对产后的母犬厚加饲喂，但从元月至 3 月份，正是草原上食物丰富的时节。该时节多有冻毙的牛羊，使产后的母犬随时可以找到肉食，并尽其所能，任其所食。大量的动物性食物可以满足母藏獒泌乳中对蛋白质、矿物质和维生素等营养物质的需要。母犬在觅食中四处奔走，活动量大，机体器官功能得到锻炼和强健，消化吸收能力强，营养供应充足，乳腺组织机能旺盛，乳汁分泌充沛，可充分满足幼犬的营养需要。因此，在藏獒的原产地，尽管环境严酷，新生藏獒却生长健壮。

在我国内地，环境的局限和食物构成的改变，使大部分母藏獒产后体质体况的恢复不尽如人意，犬只的营养供应也不尽完善，造成产后泌乳不足，对幼犬的发育和提高新生幼犬成活率极为不利。

生产中时常见到幼藏獒在生后的前2周内，生长发育极快，日增重保持在50～100克的水平，个别个体甚至可以达到130克。说明母藏獒的泌乳量与幼犬生长发育的营养需要是平衡的。但是2周过后，往往是母犬的泌乳量满足不了幼犬的需要，此时采取积极措施提高母藏獒的泌乳量极为必要。其中最重要的措施是尽一切可能加大母犬的活动量。有条件时，可将母犬放置在场院中，随其自由奔走，随地而卧，随渴随饮，活动筋骨，舒畅心境，增强体质，提高食欲，促进消化，提高泌乳力。该措施实施，在一定程度上比单纯加强母犬的营养更重要。只有以增强体质为基础，母犬才有可能充分消化、吸收和利用饲料中的营养物质。否则，母犬体质差，消化道功能弱，饲料营养物质不能及时转化，母犬也就不能很好地泌乳，反而可能体弱多病。所以，牧民任由产后母藏獒自由活动、自由采食是有道理的。再辅以定期对母藏獒刷拭被毛、乳房，保持犬体清洁卫生，并逐步提高母藏獒的日粮水平，使母犬保持健康的生理状态并发挥其泌乳能力。

第六章　藏獒的繁殖技术

藏獒的繁殖包括性成熟、发情、配种、妊娠、分娩、哺乳等一系列与繁殖有关的生理活动，体现了青藏高原自然环境对藏獒的影响。了解有关藏獒的繁殖生理、行为、疾患，对加强种藏獒的管理，提高成年藏獒的繁殖率、幼藏獒的成活率，加强对藏獒品种资源的科学保护、选育和开发利用，有重要意义。

第一节　藏獒的生殖器官及功能

一、母獒的生殖器官及其功能

母獒的生殖器官由卵巢、输卵管、子宫、阴道、尿生殖前庭和阴门组成，卵巢、输卵管、子宫和阴道为内生殖器官，尿生殖前庭和阴门为外生殖器官。

母獒的卵巢是产生卵子和分泌雌性激素的器官。母獒的生殖上皮被覆于卵巢表面，皮质内有卵原细胞，发育成成熟的卵母细胞后排出。排卵后，在破裂的卵泡中形成黄体，并开始分泌孕酮。输卵管是输送卵子和受精的管道。在排卵时，卵子被纳入输卵管的伞端，随即被输送到输卵管中。输卵管的管腔液可为精子提供能量，提供完成受精的环境，并开始早期的胚胎发育。子宫在藏獒的繁殖过程中有许多重要的作用，子宫是胎盘形成、胚胎发育和胎儿娩出的器官。受精卵着床（附植）以前，从子宫腺体的分泌物——子宫乳中获得营养进行卵裂，着床后，子宫又为胚胎提供最安全、稳定

的发育环境。据研究，子宫能分泌多种生殖激素，对保证和推进藏獒的繁殖过程，保证安全繁殖和顺利生产至关重要。

二、公獒的生殖器官及其功能

公獒的生殖器官由睾丸、附睾、输精管、尿道、阴茎、包皮组成。睾丸、附睾、输精管等称内生殖器官，而阴茎、包皮和阴囊为外生殖器官。

公藏獒的生殖机能主要是生成精子、贮存精子，并将精子射入母犬的生殖道，以期达到使母犬卵细胞受精的目的。要保持公藏獒的这些机能，取决于两种重要的分泌活动：其一是内分泌，即产生雄激素；其二是外分泌，即副性腺（尿道球腺、精囊腺和前列腺）的分泌物，该混合物具有运送精子的作用。

睾丸是产生精子和雄性激素的器官；附睾有贮存精子的作用，也是排出精子的管道；副性腺包括精囊腺、前列腺和尿道球腺，其分泌物共同组成精液的液体部分，有营养和增强精子活力的作用。

第二节　藏獒的发情与性成熟

一、母獒的发情

母獒每年只发情 1 次。对初次发情的母犬而言，发情年龄在 10 ~ 12 月龄，视母犬发育体况和状况而异，通常初情的母藏獒在当年 11 月中下旬。发情时，日平均气温在 3 ~ 7℃。初情期母犬发情欠规律，部分个体尚未完全发育成熟，发育较差的初情期母犬即使配种也大多难以受孕。有人认为，为了保证母犬各组织器官的良好发育，初情期母犬不宜配种。但在藏獒原产地，传统的饲养方式，使当年进入初情期的母犬一旦发情，立即被诸多公犬尾追，难免交配，因之对初情期母犬配种未必不可取。事实上，当年在 11

月中下旬发情的初情母犬，体重已达到2岁母犬体重的92%，体高达到98%，说明其机体各种组织、器官和机能已渐趋成熟。此时配种对母犬的进一步发育影响不大，而受孕有助于刺激母藏獒自身的消化、循环和健康防御系统代谢的强度和水平，反而促进了各组织器官的发育，促进各器官结构和机能的完善、协调和统一。所以，如果初情期母犬发育良好，就应及时配种，更利于调动和发挥其繁殖机能。认真研究藏獒的生长发育特点，也可进一步说明对初情母藏獒配种的理由。多数生长在青藏高原的藏獒而言，其出生日期一般在每年的12月至翌年的1月份，是青藏高原最寒冷的季节。为了抵御严寒和生存，新生的藏獒有强烈的食欲和摄食能力，因此也有极快的生长速度。以绝对生长而言，新生藏獒出生的当天，就可增重30~40克；在3月龄时，最大体重可接近16千克，说明藏獒在幼年期有极强的生长能力。至5~6月龄时，草原上已百花盛开，万物滋生，年轻强健的藏獒依靠自身的能力可以获得丰富充足的食物。特别是每年的10月份以后，草原上的冬季屠宰逐渐开始，大量的畜骨、残肉将藏獒的生长发育强度推上了新的高峰。可见，藏獒对青藏高原独特的自然条件、牧业生产过程完全适应。食料的营养是保证藏獒快速生长的基础。藏獒的生长发育特点与其食物和营养供给过程形成了高度一致，因而青藏高原的母藏獒在11~12月龄时，已基本完成了该犬在发育至成年所应具备的发育程度和水平，一旦发情，完全可以配种。

经产母獒的发情较规律，其有效繁殖年限最大可达到10~12岁。体况和膘情都正常的成年母藏獒发情的适宜温度在7~18℃，或因海拔的影响而异。海拔3 000~4 000米的藏獒原产地，通常母犬于8月中下旬逐渐进入发情期。在海拔1 500米的兰州，藏獒集中发情的时间是9月下旬至10月上旬，但在台湾和广东等沿海省份，母藏獒约在11月份以后才发情。经产母犬发情除受体况或膘情的影响外，个体的差别亦十分明显。健康无病，机能正常的母藏獒几乎可以在每年确定的月份，甚至日期发情。因此，为保证经产母犬能按时发情，在发情期开始之前，应采取措施保证母犬的健康和体况。体况差的母犬不会发情，但体况或膘情过度发育，也往往

不能按时进入发情期。生产中必须恰当掌握母犬的体况。8 岁以后，母犬繁殖性能逐渐下降，虽能按时发情，但发情征候往往不明显，部分母藏獒只出现所谓“暗发情”，即母犬已经进入发情期，但外观发情表现不明显，阴门不红肿，或仅有轻微的红肿，阴道分泌物也较少，发情行为的变化并不明显。但母犬食欲下降，饮水量增加，性情不安，都是已进入发情期的表现，应注意观察。最好的办法是采用试情公藏獒，发现公犬追逐母犬，即可认定母犬已发情。

二、公獒的性成熟

公獒也有初情期，即公藏獒在 10 月龄左右时，已逐渐接近性成熟，开始表现出较明显的性行为。发情母犬的尿液能引起公犬性兴奋，表现出嗅闻、舔吮母犬尿液，但却不敢过于接近母犬，对母犬的嗅闻和接近保持有极高的警惕和戒备，唯恐受到母犬的攻击。当年的小公犬较当年的小母犬发育缓慢，性成熟较迟。通常公犬性成熟需 12 ~ 14 月龄。达到性成熟的公藏獒如果有机会交配，能正常射精，并使与配母犬受孕。有趣的是小公犬多受母犬喜欢，往往受到发情母犬的挑逗鼓励。一旦完成交配，小公犬即学习了交配的行为动作，并获得了勇气，亦可被认为激发启动了性机能。及至成年后，这种公犬能有较高的性欲、交配能力和勇气。相比较而言，2 岁以后才行配种的公犬，往往性欲差，性功能较弱，配种能力低，甚至个别公犬不会爬跨或爬跨后不能找到正确的交配位置。因此，加强对后备公犬的培育，促进后备公犬性成熟和体成熟并进，使小公犬在体躯结构与性机能同步得到发育的同时，能尽早开始配种，有利于调动、发挥和保持公犬的性功能。

三、藏獒的发情周期

藏獒是大型犬品种，受产区自然环境的影响，品质纯正的藏獒，1 年只发情 1 次。从前一次发情到下次发情所经历的生殖生理

过程称为藏獒的发情周期，两次发情之间所间隔的时间为40～42周，在生理学中称为乏情期。发情周期是藏獒的正常生理现象，在发情周期中，藏獒不仅生殖器官发生变化，其体内也发生一系列特殊的生理生化变化。

在我国北方大部分地区，一般适龄母藏獒只要身体健康，机能正常，会在每年秋季（9～11月份）开始发情。在同一地区，母藏獒的发情时间则与其体况即膘情有直接关系。俗话说“膘情膘情，有膘才有情”。据研究，分布在甘肃省玛曲县、四川省若尔盖县和青海省久治县的藏獒，每逢入秋气候转凉时食量增加，体躯开始变粗发胖。其生物学意义，不仅是为了贮存养分准备越过青藏高原漫长的寒冬，也是母藏獒即将发情而进入发情体况的外在表现。可见，每到8～9月份应加强饲养管理，以促进母藏獒尽快进入发情体况。

初情母藏獒发情持续时间较长，一般20～30天，而老龄母藏獒较短，9～21天。

藏獒的发情周期可划分为发情前期、发情期、发情后期和乏情期四个阶段。与其他犬相比，藏獒的发情周期相对较长，以乏情期最长。

四、藏獒的发情表现

（一）发情前期

进入发情前期的母藏獒，外阴充血，阴户肿胀，潮红湿润，有黏性分泌物，此期是母犬接受交配前的阶段。在发情前期，母犬生殖系统开始活动，新生卵泡开始发育，其中充满卵泡液。生殖上皮开始增生，腺体活动开始加强，分泌物增多。母藏獒发情前期通常为7～13天。

在发情前期，母藏獒行为发生一系列变化，如性情急躁，食欲锐减，不安，随时企图外出，爬越栅栏或挣脱拴链。饮水量增大，散放在运动场或户外的母藏獒会频频排尿。由于尿液分泌物中含有

经苯甲酸等物质，对公藏獒产生强烈的刺激和吸引作用，公藏獒在很远的地方就可以闻到，能迅速进入性兴奋状态，常常远道而来。但此时的母藏獒对企图接近的公藏獒并不感兴趣，反而有高度的警惕，对公藏獒有明显的选择，只允许高序位的公犬接近，但不容许公犬爬跨。公犬稍有过分或较明显的性挑逗行为，就会遭到母犬的攻击和咬斗。一些序位低的公犬在遭到一次母犬攻击后，就可能从此失去爬跨母犬并交配的勇气。处于发情前期的母藏獒应多放出栏圈，任其在场院中活动。其他发情母犬的尿液或公犬的气味有助于促进母犬发情并引起性兴奋，加快母犬进入发情期，并接受交配。

（二）发情期

母藏獒的发情期通常是从见到阴道有深红色血样分泌物（俗称见红）之日算起，到母犬接受交配，直至母犬拒绝交配之日才算结束，持续时间约 15 天。

老龄犬发情期持续时间较短，见红后 5 天左右即可交配。初情母犬（即当岁母犬）发情不规律，有的近 20 天左右才接受交配。2 岁以上适龄母犬在见红后 9 ~ 11 天为最佳配种时间。

母藏獒进入发情期后，最明显的特征是阴道有血样分泌物。开始分泌量少，逐日增多，阴唇继续肿胀，性情更显急躁不安，食欲几乎废绝，饮水量增大，较少卧息。发情期之初，母犬容许公犬嗅闻其阴部，但仍不容许公犬爬跨。当阴道血样分泌物颜色变浅、变稀少时，母犬进入发情高峰期。此时阴唇肿胀外翻，阴户大而明显，开始接受公犬的性挑逗，与公犬嬉戏，并接受公犬爬跨、交配。

从见红之日算起，母藏獒进入发情期的第 9 ~ 11 天是交配怀孕的最佳时间。因为此时母犬开始排卵。母犬发情期虽然较长，但排卵时间较短，仅有 2 ~ 3 天，错过这几天，尽管母犬还接受交配，但多不会受孕。母犬从接受交配开始，发情期已接近末期，最多持续 6 天左右，阴户肿胀开始消退，阴道分泌物也渐渐停止。

（三）发情后期

藏獒的发情后期是指母犬拒绝交配之日至卵巢黄体退化的一段时间。此时母犬阴唇红肿已逐渐消失并恢复正常，阴道黏性分泌物逐渐减少，如果怀孕则进入妊娠期，母犬变得性情安静，好静不好动，对公犬的吸引作用也很快降低，直至消失。从生理角度分析，发情后期正是受精卵由母犬输卵管向子宫移行的阶段，为了受精卵能安全着床，母藏獒表现出活动量减少，安静少动等，这都是正常的生理现象。为了保证该阶段胚珠的正常发育，防止母犬出现早期流产，生产中也应当顺应母藏獒的这种早期妊娠表现，为母犬创造舒适安静的卧息环境，保持母犬的生理稳定和胚胎安全。

（四）乏情期

乏情期一般指母犬生殖器官进入休眠状态，卵巢停止发育的一段时间，亦可理解为母藏獒在一次发情结束至下一次发情开始的间隔。母藏獒的乏情期较长，40～42 周。健康正常的适龄母犬一次发情后，只有到下一年度秋季发情季节才再次发情。采取激素调节和控制的方法，可以延长或提前促使母犬发情。但 1 年发情 1 次是藏獒的种质特征，使用激素调节的方法不会改变藏獒的这种基本的生物学属性，反而有可能造成藏獒的生殖紊乱。对有关藏獒生殖激素调节的研究，目前尚是空白，生产中应尽量不用这种方法。加强饲养管理和疫病防治，保证犬体健康，才是有助于母犬正常发情和配种最基本的措施。目前，国内有人希望自己所饲养的藏獒能实现 1 年 2 次发情，以获得较高的繁殖效果。显然，在全面开展和应用现代动物繁殖技术之前，对品质纯正的藏獒，还相当困难。

第三节　生殖激素对藏獒生殖机能的影响

研究证明，藏獒的生殖机能和生理活动与其他哺乳动物类同，包含多种极其复杂的生理过程，又受到各种内分泌腺和生殖激素的

调节。了解影响藏獒发情、配种、妊娠、分娩乃至哺乳等生殖生理活动的各种生殖激素及其功能，对正确开展藏獒的繁殖，提高藏獒的繁殖率，促进该犬品种资源的保护和选育有重要意义。也体现了现代科学技术在藏獒繁育中的应用。

一、生殖激素的种类

影响藏獒生殖生理活动的生殖激素，分别是促性腺激素释放激素、促性腺激素和类固醇激素。藏獒的促性腺激素释放激素由丘脑下部释放，其功能是控制藏獒垂体前叶（腺）合成和释放促性腺激素。藏獒的促性腺激素包括促卵泡激素（FSH）、促黄体激素（LH）和促乳素（PRL），其功能是促进生殖细胞的发育成熟和类固醇激素的分泌等。母藏獒的类固醇激素包括雌激素和孕酮，而在公藏獒仅是睾酮。类固醇激素的功能是控制繁殖周期，并通过反馈机理刺激或抑制释放激素和促性腺激素的分泌和释放。

二、藏獒生殖激素水平的变化

在藏獒的生殖过程中，体内各种生殖激素的含量不断变化。通过对处于不同生殖状态藏獒血液中生殖激素水平的测定，对了解藏獒的生殖状态，科学地推进其生殖过程和安全生产，培育优良的藏獒有积极意义。

（一）雌激素

主要包括雌二醇和雌酮二种。雌激素是影响母藏獒生殖生理活动中最重要的生殖激素之一。据测定，在发情前期母藏獒血浆中的雌激素水平会迅速升高，达到（669 ± 91）皮克/毫升【皮为千亿分（10^{-15}）号】，其中，雌二醇水平比雌酮能较早地达到最高峰。尽管因分析方法不同该测定值差异较大，但两种激素在发情母藏獒体内的变化特点明显。该两种雌激素又都在母藏獒体内促黄体激素水平升高时反而降低。这可能与雌二醇在排卵前升高，激发了促黄

体激素有关。

据报道，在发情前期，母藏獒尿液中雌激素浓度与其血浆中的浓度有较高的相关性。母藏獒血液中雌激素浓度的最高测定值出现在发情前期即将结束和发情期刚刚开始时，以后则会急剧下降，在母藏獒进入发情第 4 天时，其血液雌激素水平为 18 皮克/毫升，已低于发情前期。未妊娠的母藏獒，雌激素的水平为 9 ~ 15 皮克/毫升，并相当稳定。母犬受孕第 36 天，雌激素水平为 27 皮克/毫升，并能将该激素水平保持到临产前 2 天。

（二）孕酮

母藏獒处于发情前期时，其血液中孕酮水平较低，仅 0.2 纳克/毫升【纳为亿分（10^{-9}）号】。在发情前期结束时，可以升高到 0.6 纳克/毫升。但进入发情期后，母藏獒血液中的孕酮水平会继续升高，特别是在排卵后，孕酮水平迅速升高，至母藏獒排卵后 20 ~ 25 天，其血液中孕酮将达到（47 ± 3.1）纳克/毫升。据研究，母藏獒血液孕酮的变化与雌激素的变化有关，或者说受到藏獒内分泌系统的调节。在母藏獒即将开始发情之前，其体内雌激素水平首先升高，刺激母藏獒逐渐进入发情状态；继而孕酮水平升高，导致母藏獒的雌激素和孕酮水平的比值降低，从而启动了发情行为。

据报道，无论母藏獒在排卵后是否受孕，其体内的孕酮水平稍有差异，但无明显差异。在达到最高值之后，孕酮水平在发情后期或妊娠期降低。其中未受孕的母犬，排卵 50 天后孕酮水平降低到 1 纳克/毫升以下，到排卵后 135 天孕酮水平会降到 420 皮克/毫升的最低水平。该时间恰与母藏獒子宫内膜的更新时间相一致。但在妊娠母犬，其孕酮水平于怀孕 30 ~ 35 天后即开始缓慢下降，在临分娩前 1 ~ 2 天会突然下降到 1 纳克/毫升以下。

（三）促黄体激素

母藏獒在发情前期，血液促黄体激素一般保持在基础水平 1.4 纳克毫升，但在发情开始前 2 ~ 3 天会迅速达到最高值，以后又快速下降到基础水平。有人分析，促黄体激素水平的大幅度升高可能

是因为雌激素水平由高到低的变化，而排卵前孕酮水平的升高，可能对促黄体激素水平也有促进作用。因此，促黄体激素的最高值在排卵前24～48小时，可以达到（35.5±10）纳克/毫升。

（四）促卵泡激素

据研究，母藏獒在开始进入发情前期时，体内促卵泡激素的浓度处于最低值，为（56.3±8.7）纳克/毫升但随着促黄体激素的升高而升高。在母藏獒发情开始时达到最高浓度（167±36.9）纳克/毫升，之后则缓慢下降，在发情第6天时下降到（69.2±14.7）纳克/毫升，随后又在第55～58天出现一次高峰值，在妊娠犬和未孕母犬可分别达到（254.8±27.8）纳克/毫升和（107.5±22.2）纳克/毫升。

第四节　藏獒的发情调控

对藏獒而言，遵从其每年只发情一次的种质特征，目前国内仍然采取自然交配繁殖的方式进行一年一次繁殖。只有肩负特殊的任务的单位或个人，为了加快世代更替，缩短世代间隔，加快遗传进展，才可应用“发情控制”的措施，加快藏獒的繁殖速度，即便如此，也强调谨慎用之。

发情控制是指根据需要结合藏獒母犬的发情特点和规律，采用科学的处理方法，调控藏獒母犬的卵巢机能，人为地改变母犬发情状况的一项现代繁殖技术，包括诱发发情、超数排卵和同期发情等技术。

一、诱发发情

诱发发情是指采用人工方法引起藏獒母犬在非发情季节发情的一项繁殖技术。该技术是利用外源性激素，或生物活性物质，处理藏獒母犬，并配合环境的改变，诱导处于乏情期的适龄母犬发情和排卵，其目的在于有效控制藏獒母犬的生殖节律或其他途径。藏獒的诱发发情可采用的方法有3种。

（一）卵泡刺激素（FSH）与黄体生成素（LH）法

卵泡刺激素是促使原始生殖细胞发育的促性腺激素类激素，能促进母犬卵巢中卵泡的生长发育直至成熟。黄体生成素除与卵泡刺激素共同作用，使卵泡成熟并促进雌激素分泌外，更主要的作用是使成熟卵泡的卵泡壁破裂，发生排卵并维持妊娠黄体。LH是维持妊娠的主要激素。科学地使用外源FSH和LH，能提高藏獒血液中这两种激素的浓度，诱导母犬发情并促进排卵。

（二）孕马血清促性腺激素（PMSG）与人绒毛膜促性腺激素（HCG）法

孕马血清促性腺激素与两种垂体促性腺激素（FSH和LH）有相似的生物活性，它既能促进卵泡发育成熟，又能促进成熟卵泡排卵，并形成黄体，但以FSH为主。而人绒毛膜促性腺激素主要是促进成熟卵泡排卵并形成黄体，实践证明，PMSG与HCG联合使用，可成功的诱导母犬发情并排卵，但使用的剂量与方法不同，所取得的效果也不一样。用PMSG诱导的母犬，孕激素浓度的升高开始注射后的第5天，而正常发情母犬孕激素浓度的升高，则发生在排卵后，这说明注射PMSG可在排卵前刺激孕激素的分泌。Wright（1972，1980）认为，单纯注射PMSG只能引起母犬表现发情行为，较少引起排卵，而HCG对发情后的排卵有重要作用。排卵常发生于注射HCG后27～30小时，使用HCG的发情母犬的排卵数明显增加，最多可达46个，因此只要应用方法得当，PMSG和HCG合用，是诱导间情期母犬发情较为有效的方法。

（三）促性腺激素释放激素（GnRH）法

促性腺激素释放激素是由下丘脑神经内分泌细胞分泌的一种10肽化合物。现已发现，在垂体促性腺激素分泌细胞浆膜上存在分子量约10万道尔顿的GnRH受体，GnRH与受体结合后，可使受体蛋白活化，刺激细胞核内特异基因转录，从而合成LH和FSH。生理

剂量的 GnRH 可刺激垂体释放并分泌 LH 和 FSH，大剂量的应用 GnRH 则可使浆膜上的 GnRH 受体发生脱敏作用，从而降低对 GnRH 的反应性，控制 FSH 和 LH 的释放。因此必须选一定的程序和剂量使用 GnRH，才能成功地诱导母犬发情和排卵。

二、超数排卵

超数排卵是指在母藏獒的发情期内，按照一定的剂量和程序，注射外源性激素或活性物质，使母犬的卵巢比自然状态下发育快，成熟并排出更多的卵子，其目的是在优良种犬的有效繁殖年限内，尽可能多地获得其后代，用以不断扩大新种犬群的数量。对藏獒实施超数排卵，目前国内尚没有见到报道，该技术的应用一般应和同期发情、体外受精、胚胎移植等联合使用，单纯搞超数排卵的意义并不大。

三、同期发情

同期发情是对母犬的发情周期及时间进行同期化处理，该技术一般是利用某些激素制剂和环境条件，人为地控制并调整母犬群发情的周期，使之在某一预定的时间内集中发情。该技术有利于提高犬群的繁殖率，进行犬的批量生产，也利于提高冷冻精液的利用率或为胚胎移植提供批量受体。目前同期发情技术有两种，一种是一群待处理的母犬同时使用孕激素，抑制卵巢中卵泡的生长和发情，其二是利用性质完全不同的另一种激素（前列腺素）促黄体溶解，中断黄体期，降低孕酮含量水平，从而促进垂体性腺激素的释放，引起发情。

第五节　藏獒的配种

一、选配的意义

对藏獒的配种，在人为干预下进行，由人类按照自己的目的和意愿来决定公母的配对和交配，谓之选配。要获得理想的藏獒，不仅要重视对公母犬的选择，更应科学地决定公母犬的交配，至此才有可能科学地综合公母犬的优良性能和特征，有利于巩固优秀个体的遗传性，有效地保存某些品质出类拔萃的藏獒血统，使为个体所具备的优良品质得到延续和发展，成为群体所共有的优良性状和性能，进而形成某一独具特色的藏獒品种群。这样不仅可以有效地推进有关藏獒品种资源的保护和选育，也丰富了藏獒的品种结构。所以，人为地科学决定优良公母犬配对与重视选择同等重要，在藏獒的培育中不可轻视。甘肃农业大学藏獒繁育研究中心在开展关于藏獒品种资源保护与选育课题研究中，高度重视藏獒的选种和选配，经连续4代的封闭繁育，使藏獒品种资源保种选育核心群公藏獒平均水平全部达到了藏獒品种等级综合鉴定标准特级的要求，母藏獒全部达到了一级以上的水平。说明重视选配在藏獒品种选育和改良中有重要的作用和意义。事实上，如果遍查世界各种畜禽的育成历史，可以说，世界上的任何一个畜禽品种都是在人类科学选种选配的基础上培育成功的，藏獒亦然。

二、对公、母獒的要求

（一）对公犬的要求

优良公犬对藏獒后代品质和性能具有重要影响。据此，要求种公犬的综合鉴定等级品种标准高于母犬。按藏獒综合评定等级标

准，种公犬的等级不应低于一级，主配公犬一般应达到特级。事实证明，年龄在2~4岁的种公犬体质强健，体形发育完全，配种能力强，对后代品质影响极大，在选取种公犬时应首先选体形体重。当然，种公犬在毛色、毛型、气质品位等方面也应有独特的表现，以便创造或产生有特色的后代犬群。

种公犬应具备配种体况，体质强健，性欲旺盛。在藏獒原产地，夏秋季节以后，天高气爽，食物丰富，藏獒可以得到丰裕的牛羊肉骨，更可以自己捕食到高原鼠兔、旱獭、野兔等遍地皆有的小动物，公犬的体况完全能适应秋后配种的要求。但在人工圈养条件下，食料种类或食物构成相对贫乏，对杂食性的藏獒而言，显得十分不足。加之场地有限，饲养密度较大，活动量不足，藏獒整日被关在棚圈内，或拴系在场院中，难有机会到户外或旷野自由活动，使得种公犬或者过肥，或者过瘦，体质、体况都难以达到种用藏獒结实型的要求。所以，加强饲养管理，科学配比日粮，加强活动，是进入配种期种公犬饲养管理的核心任务。如果种公犬营养和活动量不足，不仅体况差，更多的是性欲差，频繁爬跨失败，阴茎疲软，或精液品质差，精子活力低、密度小，影响受胎率。为了保证种公犬的健康和良好的体况，在配种期开始之前应对种公犬进行全面检查，掌握每只种公犬的体况，应有针对性地改善饲养管理条件，驱虫和免疫接种。对体重过大、体况过肥的藏獒则应限食，并加大运动量，适当降低膘情，有利于提高配种能力。

（二）对母犬的要求

就后代品质而言，母犬的影响大于公犬，母犬除通过细胞核染色体DNA物质对后代产生影响外，还通过细胞质DNA对后代产生影响，即胞质遗传。母犬也通过哺乳对新生幼犬品质性能发育及成活率产生更重要的影响。母犬是繁殖的中心，生产中忽视对母藏獒的选择和培育是错误的。

与种公犬类同，处于发情期的母藏獒也必须有良好的膘情、体况、健康无病和品质优良，以求与种公犬恰当配对，以组合后代优良的遗传基础，创造出优良的藏獒个体。通常用来配种的母藏獒按

品种等级评定标准应不低于二级，毛色、毛型和体质的要求应和与配公犬一致。母犬还应有良好的母性，善护仔，泌乳力强，幼犬断奶成活率高。可以通过与其有亲缘关系的同胞（半同胞）的产仔资料为借鉴，或者通过其母亲的表现对初情期母犬的母性初步分析和判断。母藏獒配种后，则可详细记录个体性能表现，最终作出判断。凡产仔数少，幼仔成活率低，断奶个体体重小的母藏獒都不应保留。对母犬也应在配种季节来临之前严格预防免疫，可用“犬五联”或“犬六联”等弱毒疫苗肌内注射，以提高母犬抗病能力。藏獒受寄生虫感染率极高，在藏獒发情期开始之前，就应抓紧驱虫。配种以后，严格禁止采取任何方法给母犬驱虫，以防不测。

三、藏獒的配种行为

在藏獒发情期间，种公犬只要嗅到发情母犬尿液的气味，就会产生强烈反应，引起性激动，急切寻找发情母犬欲行交配。此时的公犬变得性情急躁，食欲下降，大量饮水。散放在场院或野外活动时，四处奔跑搜寻发情母犬。公犬一边嗅闻，一边奔跑，对所经之处的树干、木桩、墙角等都要洒上尿液，以示疆界和对外来犬只的“警告”。公犬凭借灵敏的嗅觉，几乎可以判断母犬的发情状况和进程。对处于发情前期的母犬，可以表现亲近和追逐，但一般不进行爬跨，而对发情期母犬，一旦发现或接近，立即紧追不舍，除非受到母犬警告，否则非行交配不可。公犬在交配之前，先要在母犬周围如墙边、墙角上撒尿，吸引和促进母犬兴奋。紧接着公犬开始嗅闻母犬阴部，舔吮母犬阴门分泌物，并开始挑逗母犬，舔母犬头脸，表示亲热和爱抚，并用身体碰撞母犬体侧。如果母犬作出反应，出现相对以头嘴触地，前肢和前胸匍匐在地的姿势，表示已接受了公犬。有经验的公犬开始会先用头颈部贴压母犬背腰部，母犬会用臀部朝向公犬，主动迎合公犬。母犬尾帚偏向一侧，阴户开启，有节律的开张和收缩，以迎合公犬。公犬受到母犬这种迎合刺激，会立即爬跨，阴茎完全勃起，从包皮伸出，前后抽动试探母犬阴门位置。有经验的公犬会将两后肢前伸或后踩，使阴茎能准确地

触觉到母犬的阴门，并顺利插入。一旦完成，公犬即刻将后躯紧贴母犬后臀部，力求深入，个别公犬甚至会将后肢悬空。此时公犬阴茎出现短暂而剧烈的颤抖，说明已射精。射精时公母犬都处于极度的紧张和性兴奋状态，乃至母犬会发出短促、低哑的鸣叫，阴门括约肌也反射性收缩，压迫公犬阴茎背侧静脉，而同时公犬的阴茎勃起使龟头球膨大，阴茎被阴门锁定。射精时间很短暂，通常仅5～8秒。公犬一旦完成射精，母犬就开始回头轻咬公犬，公犬亦迅速从母犬背上滑下，并完成身体扭转180°，与母犬呈两尾相对，头向相反姿势站立。在母犬轻咬和公犬躲避过程中，公母犬阴茎和阴门锁定被拉紧。锁定时间5～40分钟不等，视与配公母犬的年龄、体质状况而不同。犬在交配中的锁定过程有助于公犬进一步完成后续性射精，防止精液倒流。事实上，有相当的青壮年犬，被锁定后尚有第二次射精或第三次射精，每次射精中母犬都会再次发出兴奋性低鸣。对锁定中的公母犬应杜绝干扰，任其自行解脱。解脱后，公母犬均会自行吮舔性器官，交配即完成。

四、配种注意事项

① 与配公犬的选配。选取公犬在2岁、母犬在1.5岁处于最佳年龄阶段的公、母犬交配，对保证公、母犬的发育和后代犬的品质均非常重要。超过6岁的公犬出现了明显的衰老，不应再作种用。

② 有限度地使用种公犬。有研究认为，一只种公犬在一个交配季节的交配次数不宜超过40次；在利用时间上也应该均匀分配，每两次交配的时间间隔不低于24小时。过度使用种公犬，不仅会造成损伤，也不利于母犬受孕。

③ 选择合适的交配时间和交配地点。在配种季节，每天早晚性欲最强，也表现出极高的兴奋性，是进行交配的最好时机，应及时组织交配。交配地点要安静、宽敞，初配公、母犬最好在初配以防圆圈交配，以免由于环境生疏造成禁止，影响交配。

④ 一般食后2小时内不要组织交配，以免公犬发生呕吐。

⑤ 对过于紧张不能成功交配的母犬，可采取人工辅助手段协

助交配，但应注意辅助人员的安全。

五、交配失败原因分析

母藏獒经交配后未能受孕的现象称之为交配失败，造成交配失败的原因很多，应当具体分析。

第一，初情期母犬发情不规律，在进入发情期后，阴部分泌血样分泌物，时多时少，时有时无，正式配种时间多在发情期开始的20天左右，视初情母犬发情状态、表现而确定，或以初情母犬是否接受公犬交配为准。如果按一般经产犬发情期第9～11天为限配种，初期母犬并未进入排卵阶段，必然造成配种失败。

第二，母犬年龄过大，发情期往往缩短，至多5～6天；性激素分泌不规律，甚至紊乱；母犬发情而不排卵；阴部分泌物较少，造成公犬交配困难等，也都有可能使公犬交配失败。但对老龄或大龄母犬而言，造成交配失败的另一重要原因还是母犬位序较高，对处于低位序的公犬不感兴趣，绝不容许低位序公犬爬跨和交配，因而往往失败。

第三，母犬在前一个繁殖期曾有产道感染，留下隐患，交配后不能受孕；或母犬习惯性早期流产，胚胎不能安全着床；或者因年龄较大，母犬常出现假妊娠等。假妊娠的母藏獒在发情交配后，也表现出腹部增大，乳腺膨胀，严重者甚至表现其母性本能，如保护或收养仔犬，愿意给非己所生仔犬哺乳。并能持续数周，但不形成初乳。到分娩时个别犬甚至有“羊水”，但没有仔犬出生。造成假孕的原因，可能与黄体活性延长和孕酮分泌有关，催乳素也有一定作用。所以，在交配后，切忌为了保胎而注射黄体酮、孕酮等激素类药物。保证藏獒自身的健康和生理运行规律，才是防止假孕有效的途径。

第四，藏獒在品种进化中，已形成年产1胎的种质特征。有的饲养者不熟悉犬的发情机理，欲使用各种药物改变犬的发情周期，以求早配、多配，其结果造成了母犬发情紊乱，或者发情不排卵，或者早发情，即使强迫交配也往往一无所得。

第五，公犬发育不良，阴茎短小，包皮过长，有隐睾等生殖缺陷；或者连续交配，过度使用，加之培育条件不足，运动量不够，公犬体力不佳，精子活力差，密度低，品质差；或者有人想当然认为补肾能提高藏獒的配种能力，从而滥用一些催情药物，诸如六味地黄丸、三鞭振雄丹、伟哥等。岂知有害无益，催情不催精，药物作用下只催动公犬的性欲，连续的爬跨交配，不仅严重损伤公犬的性机能，更连连造成母犬空怀，造成事与愿违的结局。

第六节　藏獒的妊娠

妊娠是指受精卵在子宫附植发育开始，直到发育成熟的胎儿出生这一阶段的生理过程，藏獒的妊娠期 63 天。妊娠期藏獒在生理上发生很多变化，随着妊娠期的发展，不断调整或改善饲养管理，对保证妊娠安全和健康有重要意义。

根据藏獒妊娠的发展和变化，可将整个妊娠期划分为胚期、胎前期和胎儿期 3 个阶段。每一阶段妊娠的发展和胚胎的发育都各有特点，借此可作为妊娠诊断的依据，并确定对妊娠藏獒的饲养管理方案，确定采取必要的措施，保证妊娠安全和胚胎的良好发育。

一、妊娠期

藏獒的妊娠期，大多是从第一次交配之日算起，平均（63 ± 2）天。因此，如果能确定第一次交配日期，就可以大致预测妊娠藏獒的分娩日期。影响藏獒妊娠期的原因很多，可归纳如下。

（一）母獒的配种期

从进入发情期之日起，通常是 9 ~ 11 天之后进入排卵期，母藏獒发情也进入高峰期而愿意接受公藏獒交配。但实际上，很多母藏獒在排卵前有可能已接受交配，交配期可持续数日。因此，饲养人员必须准确记录进入发情期的母藏獒发情、交配的情况，并形成制度。

（二）母獒年龄、体况、体内激素的变化影响

经产母犬，特别是偏大龄的健康母犬，排卵时间多会提前，而初产母犬或体质较差的母犬，排卵时间往往推迟，进而使妊娠期可能提前或推迟。

藏獒是晚熟的犬品种，生殖生理也总以“晚”为特征。母藏獒刚排出的卵子尚不能受精，需经过2~5天的成熟过程。所以，如果配种时母藏獒正处于排卵期，则妊娠期推算应相应向后推延2~5天。

（三）公獒的精子在母藏獒生殖道中可以存活多日

有资料报道，母犬生殖道中的精子存活时间可以达到72小时以上。在此期间如果有机会，精子都有可能与卵子结合，形成受精卵。此外，母犬的年龄，所怀胎儿的数量对母犬妊娠期限也有一定影响。母獒年龄越大，妊娠次数越多，妊娠期限就可能越短。妊娠期限又与窝产仔数成反比，即如果母犬怀胎数较多，其妊娠期反而可能缩短，无论母犬的妊娠期提前或延长，其活产仔数和幼犬的成活率都有可能下降。

二、藏獒的胚胎发育

正常情况下，受精卵一经形成，即开始急剧的卵裂，经历桑椹期、囊胚期、原肠期等变化，在细胞分裂和分化的基础上逐步形成各种组织和器官，发育成结构完备、机能正常、协调一致的生命有机体。其间，胚胎经历了胚期、胎前期、胎儿期3个阶段。每一阶段胚胎在母藏獒子宫所处的环境条件以及细胞分化和器官形成的程度都各不相同。了解这些进程对加强母藏獒饲养管理、改善培育条件有积极意义。

（一）胚期

藏獒胚胎发育的胚期是指受精卵形成开始，逐渐发育到与母体建立联系为止。据报道，母藏獒如果配种及时，在排卵后 48 ~ 72 小时完成受精，受精发生在母犬输卵管上 1/3 处。受精卵移行到输卵管中部时开始卵裂，至 192 小时（第 8 天）可分裂达到 16 细胞并到达输卵管子宫端，216 小时（第 9 天）受精卵同类细胞为基础的卵裂已结束，胚胎发育进入桑椹期，并移行进入母犬子宫。进入子宫后，胚胎发育很快经过桑椹期而进入囊胚期，并再经历约 8 天的发育，即在受精卵形成后 21 天，胚胎已附植在子宫里。

在受精卵移行到子宫角内初期，依靠其本身贮备的营养分裂。进入囊胚期时已形成滋养层，直接与子宫腺体的分泌物——子宫乳接触，以渗透方式获得营养。21 天左右，胚胎已着床，可以从母体血液中吸收营养，并把代谢废物排入母体血液。至此，藏獒胚期的发育已完成。

胚期是藏獒胚胎发育最强烈的阶段。母藏獒适应受孕后机体的生理反应或体内激素的调节，性情变得安静，喜卧息，以利于胚胎的安全着床和迅速发育。因此，对处于怀孕初期的母藏獒应单独饲养，少惊扰，注意保持环境安静。此阶段胚胎发育强烈，饲养管理重点在于保证受精卵安全着床，防止发生早期流产，或胚胎死亡，妊娠中断。对母藏獒的食料配给应注意营养全价，保证食料的质量。但此阶段胚胎绝对增重不高，对食物量的需求不大，对此可不必过多考虑。母犬进入妊娠期后，停止投喂驱虫药，以防不测。

（二）胎前期

藏獒的胎前期是指胚胎通过绒毛膜与母体建立牢固的联系后，迅速发育到所有组织器官的原基形成的发育阶段。

此阶段胚胎在囊胚期发育的基础上，出现了外胚层、中胚层和内胚层，并进一步以 3 个胚层为基础分化产生了胚体的各种组织器官，逐渐表现出藏獒的种质特征。妊娠藏獒性情恬静、温顺，采食量逐渐增大，对其他母犬十分敏感，敌视心理强，极易发生攻击。

此阶段应加强管理，一方面每天定时散放到运动场或户外随意活动，多晒太阳，同时应逐日增加食料喂量，注意调整营养水平，加强营养供给。应注意食料的清洁卫生，严防妊娠藏獒饮用冰水或食入有毒有害的食物。胎前期对妊娠藏獒的饲养管理重点仍是防止流产，保证胚胎良好发育，要让其吃好、睡好、活动好，保证其体内胚胎发育的正常。

（三）胎儿期

藏獒在妊娠35天以后，胚胎的生长发育日益加快，胚胎和子宫都逐日增大，胚胎发育进入了胎儿期。在胎儿期，各胚珠状态间的分布变得不明显。由于胎儿的不断发育，其重力向下牵引子宫，使子宫从骨盆前缘向下弯曲进入腹腔后部，并逐渐占据了腹腔骨盆前缘到肝脏的全部空间，并向背部发展。所以在外观上，母犬近胸腹部首先变得粗壮，腹部逐渐膨大、下垂，乳头日益膨胀，谓之“显怀”。配种后50天，除初配母藏獒外，经产母藏獒的腹部会明显膨大，乳头周围腹毛较快褪去，使乳头显露明显。同时，由于胎儿迅速增长，腹部充实，腹腔空间日显狭小，胃部受到挤压，母犬每餐的食量明显减小。接近分娩时，母藏獒的食欲几乎废绝。

胎儿期对妊娠藏獒的饲养管理应高度重视。供给营养全价、数量充足的食料，实行少量多餐。让妊娠藏獒吃饱、吃好。坚决杜绝饲喂生、冷、硬或霉变的食物。应加大食料中钙磷的比例和用量，延长妊娠藏獒散放自由活动的时间，尽可能扩大其活动所需场地。做到既要保证妊娠安全，能顺利生产，又要使妊娠藏獒体质结实，体况良好，才不会出现产后无乳或泌乳不足，乃至产后瘫痪。

为了保证仔藏獒的健康，在藏獒怀孕后40天左右，应注射1支“犬五联”或“犬六联”等犬用弱毒疫苗，以提高妊娠藏獒的抗体水平，便于产后通过泌乳为仔藏獒提供充足的抗体，提高初生仔藏獒的抗病力。

三、妊娠诊断

一般母獒在妊娠后其生殖器官、新陈代谢水平和内分泌等方面都会发生很大的变化，这些变化在妊娠的各阶段都可以观察到或借助仪器设备进行测定。该技术过程在早期妊娠诊断中具有重要意义，不仅便于对确诊妊娠犬加强饲养管理，预防发生流产，更便于确定未孕母犬，分析未孕原因，防患于未然。目前，母犬妊娠诊断的方法有以下几种。

（一）外部观察法

母犬妊娠后，由于体内新陈代谢和内分泌系统的变化，导致其行为和外部形态特征发生系列变化，可作为对母犬妊娠诊断的参考。

1. 行为变化

通常母犬在配种后如已妊娠，母犬的行动会变得迟缓而谨慎，有时有震颤，喜欢在温暖干燥场地卧息。怀孕后期则易疲劳，频繁排尿，接近分娩时甚至有做窝的表现等。

2. 体重变化

妊娠后随着胚胎的发育，母犬体躯必然日益粗重，体形会发生较大的变化，借此可以判断母犬是否已妊娠。

3. 乳腺变化

在母犬妊娠后 1 个月左右，乳腺开始发育，乳房增大，乳头发现红晕，乳房周边体毛逐渐褪去。

4. 外生殖器变化

在母犬发情结束后，非妊娠母犬经过 3 周左右，外阴会逐渐消肿；妊娠母犬会持续肿胀，外阴部常呈粉红色的湿润状态。

（二）触诊法

触诊法一般是指隔着母犬的腹壁触诊胎儿及胎动的方法。凡触及胎儿者都可诊断为妊娠，但没有触及胎儿者却不能就此否定妊娠。此法可用于前期妊娠诊断。

经腹壁触诊可及早诊断出妊娠。妊娠18～21天时，胚胎绒毛膜囊呈靶圆形的膨胀囊，位于子宫角内，直径1.5厘米左右，经腹壁较难触摸到；妊娠28～32天时，胚囊呈乒乓球大小，直径1.5～3.5厘米，经腹壁很容易触摸到；妊娠30天后，很难摸到子宫角，胚囊体积增大、拉长，失去紧张度，胎儿位于腹腔底壁；妊娠45～55天，子宫膨大部约5.4厘米×8.1厘米，且迅速增长并拉长，接近肝脏部，子宫角尖端可达肝脏后部，胎儿位于子宫角和子宫颈的侧面与背面；妊娠55天后，胎儿增大，很容易触及到。

（三）超声波诊断法

即通过超声波探测胚泡或胚胎的存在。操作时，要让母犬仰卧或侧卧保定，剪掉下腹部被毛，探头与探测部位要充分涂抹螯合剂，使探头与皮肤紧密接触。该法最早可确认胚泡的时间为18～19天，此时图像不十分清晰，但交配后20～22天，图像已经很清楚。

（四）超声多普勒法

通过子宫动脉音、胎儿心音和胎盘血流音来判断是否妊娠的方法。操作时让母犬自然站立，腹部最好剪毛，把探头触到稍偏离左右乳房的两侧。子宫动脉音在未妊娠时为单一的搏击音；妊娠时则为连续的搏击音，胎儿的心音比母体的心音快，像蒸汽机的声音。胎儿的心音及胎盘的血流声音只有在妊娠时才能听到。所以，多普勒法在交配后23天即可进行诊断，准确率很高。

（五）X线诊断法

交配后20天之前，X线不能确定妊娠。交配后25～30天，受精卵已经着床，胚胎内潴留液体，此时X线可确定膨大的子宫角；妊娠30～35天，根据犬体的大小，腹腔内注入200～800毫升空气进行起伏造影，可确定子宫局限性肿块的阴影。但一般最好不用X线来进行早期诊断，因为X线对早期胚胎发育有严重影响。

第七节　藏獒的分娩

妊娠藏獒在胚胎发育成熟后，自然产出胎儿、胎膜和胎水的过程称为分娩。母藏獒的分娩主要是由激素调节的生理过程。在妊娠末期，发育成熟的胎儿所释放的各种激素，最后通过胎盘作用于母体，使母体相应分泌松弛素、催产素，改变孕酮与雌激素的比例，引起妊娠藏獒骨盆韧带及产道松弛，增加子宫平滑肌的敏感性及收缩能力，促进子宫肌肉收缩（亦配合出现腹壁肌肉收缩），最终使胎儿顺利产出。

藏獒具有高度自我控制分娩的能力，在原产地无论初产或经产母犬，都能自行寻窝分娩。但在人工圈养条件下，为了保证母犬顺利分娩，保证产后母犬和仔犬的健康，提高出生仔犬成活率，还是应尽力做好分娩的接产准备，以防不测。

一、分娩前的准备

妊娠藏獒在怀孕 8 周左右就开始自行寻找屋角、棚圈等背风向阳隐蔽的场所，挖掘地洞，说明母犬已开始为分娩作准备。这种行为完全出于本能，是妊娠藏獒随体内激素的变化而表现出来的一种野生的、原始的繁殖行为。此时饲养人员应该为母藏獒分娩做好以下工作。

（一）修缮产圈和产房

藏獒具有极强的抗寒能力，因此不需要专门修建密闭式产房。在藏獒原产地，牧民也只用牛粪坯垒一产窝，内垫软草，既御寒，又避风。在我国北方广大地区，诸如西北、东北、中原地区，以敞圈内设产仔窝最合适。敞圈边墙不宜过高，1～1.2 米为好，上可加设铁栅栏，既可防相邻两圈母犬互相吠咬而造成不测，又有助于冬日阳光斜射入产窝，保证窝内温暖干燥。产窝无需复杂修建，窝顶只需加盖2块石棉瓦（1.7米×0.7米）即可，便于移下清扫。窝建设于敞圈北墙下，坐北向南，背风向阳，有宽40厘米的门洞，可悬挂麻袋作为门帘。产圈内铺厚约30厘米的垫草。这样的产窝看似简单，但它符合藏獒的生物学特性。产窝稍低矮，一方面有利于保温，寒冬季节依靠母犬的体温，即可保证初生幼犬不受风寒；另一方面在一定程度上限制了母犬随意活动，有利于防止母犬进出产窝时踩伤小犬。产窝长宽应适宜，以利于母犬在哺乳时转动身躯，既不会压伤小犬，又可防止小犬拱动爬离母犬太远而发生意外。

（二）产圈、产窝和犬体消毒

在安排待产母犬进产圈之前，对产圈地面、天棚、墙壁、产窝内外和垫草等应反复消毒，尤其是窝内垫草要上下翻动，消毒要彻底。目前市售消毒药物很多，最有效力、消毒效果最好的是氢氧化钠，俗称火碱。氢氧化钠消毒浓度为1%～2%，喷洒较好。可杀灭场地和用具的各种病毒、病原菌及寄生虫卵，有作用广和速效的特点。但因有腐蚀性，使用时应注意不要伤及人和犬，消毒后至少半小时再放母犬入圈。对即将分娩母犬进行体表消毒不仅是为了母犬健康，也有利于产后初生仔犬的健康和卫生。据研究，哺乳期幼犬所感染的肠道寄生虫中，主要来自于母犬体表。母犬被毛或皮肤上沾附的蛔虫卵、绦虫卵，可通过幼犬吃奶吮吸乳头使之感染。所以，在产前对母犬体消毒，十分必要。可采取药水洗浴犬体的方式，也可以用毛巾蘸药液按照从前向后，从上向下，先顺毛、后逆毛的顺序，多次擦拭犬体，并需勤搓洗毛巾，使犬体充分接触药液以杀灭沾附的病毒、病原体及各种虫卵。犬体消毒所用的药物较多，如来苏儿、新洁尔灭、甲醛等。对即将临产的母犬特别要注意对其阴门、臀部和乳房消毒。用0.5%的来苏儿溶液擦洗较好。

二、分娩征兆

妊娠藏獒在临分娩之前，生殖器官及骨盆部会发生系列变化，

母犬的行为也会有较明显的改变，通常把这些变化称为分娩征兆。观察和了解这些征兆，便于预测母犬分娩的时间，以做好相应的准备。

（一）妊娠藏獒在临产前3天左右

体温开始降低，母犬的正常体温一般是38～39℃，分娩前降至36～37.5℃。如果体温下降后又开始回升，说明母犬即将分娩。母犬在分娩前体温下降的原因目前尚不清楚，一般认为与母犬体内激素的分泌和变化引起了代谢强度的相应改变有关。临床上把临产母犬体温变化作为即将分娩的重要预测指标。进而言之，一旦发现母犬体温发生变化，就表明该犬即将分娩，应让母犬能安卧于产窝，等待分娩。

（二）母犬临产前24～36小时

出现系列行为变化，例如食欲突然减退，甚至停食；在产窝中扒草，进出产窝，行动急躁；贴近主人，用头、嘴或后臀触靠主人，寻求主人的抚慰。尤以初产母犬表现明显，说明母犬身体不适或感到紧张、惊恐，表现出犬在驯化中形成的对人类依附性的自然表露。

（三）分娩前5～10小时

母犬骨盆和腹壁肌肉松弛，臀部坐骨结节处下陷，阴门水肿，有少量黏性分泌物排出。此期间母犬更加坐卧不安，发出呻吟或尖叫，频频排尿，排出点状稀粪，呼吸急促，表示母犬已出现了阵痛。

三、分娩过程

母藏獒的分娩是一个受激素调节的连续过程。母犬的分娩总是先从阵痛开始，由于子宫和腹壁肌的收缩，子宫扩张，胎儿开始向产道移动，分娩正式开始。可以将母藏獒的分娩过程分为前期、中期和后期3个阶段。

（一）分娩前期

在体内激素的调节和影响下，母藏獒子宫颈松弛并开张，引起阵痛，出现不安、忧郁、胆怯和拒食。随着阵痛的逐渐加强，母犬开始表现出发抖、喘气，甚至呕吐，尤以初产母犬表现明显，持续时间约5小时，有时可持续6~12小时。其间由于子宫呈微弱间歇性收缩，母犬也时有短暂的平静，但不安的表现始终持续，母犬会不时扭头回顾肷窝部，舔吮阴门，并呈俯卧式姿势较多，间有侧卧。

（二）分娩中期

分娩中期难以与分娩前期清楚划分，实际上可认为是母藏獒正式开始分娩的阶段。此时，母犬表现极端紧张和兴奋，多前肢站立，后侧半卧，时时回头舔吮阴门。在发育成熟的胚胎尿囊绒毛膜破裂时，液体流出，紧接着羊膜破裂，流出羊水。此时第一个胎儿已进入产道。母犬子宫肌、腹壁肌一齐收缩，腹内压急剧升高。在子宫进一步收缩和强烈努责的推动下，母犬阴部突然膨胀，紧接着由胎膜包裹的胎儿自阴道产出。胎儿一旦产出，母犬就会本能地撕破并舔食胎膜，舔初生仔犬。先舔头、鼻，待将仔犬头部胎膜、黏液舔净时，仔犬已开始呼吸，随之可以听到微弱的仔犬叫声。母犬会迅速舔尽仔犬周身的黏液，将仔犬衔放到前胸下，用前肢搂紧，或衔放在体侧部，任由新生仔犬拱找乳头，吸吮初乳。通常母藏獒总是首先由怀胎儿较多一侧子宫角排出第一个胎儿，而第二个胎儿从对侧子宫角排出。分娩中，在母犬子宫收缩和努责推动下，胎儿会沿身体纵轴转动，胎儿自身也会参与身体转动。在胎儿头和四肢伸直进入骨盆后，母体子宫再收缩1~2次，胎儿即可滑出阴门。如果分娩顺利，母藏獒在产出第一只仔犬后，会稍微休息又开始第二个胎儿的分娩，两次分娩间隔一般需半小时。如果母犬产仔较多，分娩中体力消耗较大，后续的分娩间隔时间会逐渐延长。在正常分娩情况下，适龄母藏獒生产5~7只仔犬需4~5小时，老龄藏

獒5～8小时。

（三）分娩后期

分娩后期指母犬在胎儿分娩结束、排出胎盘阶段。持续时间0.5～1小时，胎盘排出后母犬会即刻将之舔食。如果胎盘没有随即排出，脐带露出阴门，母犬会自己用嘴将胎盘拖出并吃掉胎盘。至此分娩结束，母犬也逐渐安静。母犬开始将注意力集中于对新生幼犬的看护，会将每一个仔犬仔细舔净，同时也熟悉记忆了每只新生犬的声音和气味，然后将仔犬逐一衔放在腹部，任仔犬自己拱找乳头，开始吸乳。

（四）分娩护理

一般而言，对分娩中的母藏獒无需护理。主要是临产前的准备工作，诸如产圈、产窝的准备，铺加垫草，圈舍和器具的消毒，犬体的卫生处理等。正式分娩开始后，应尽量让母犬自由分娩。母犬分娩是一完整的神经系统和内分泌系统共同调节并展开的生理活动，如果人为干预过多，反而易使该过程的调节发生紊乱。

母藏獒在分娩时，要保持产窝和圈舍环境安静、舒适，避免任何干扰。分娩中母犬十分警觉，工作人员走路脚步应轻，不要大声喧哗。杜绝其他犬吠叫或撕咬，谢绝外人参观，让母犬安静地生产和自行护理。有些母藏獒母性较强，发现有生人的声音或气味会马上停止分娩，或者冲出产窝吠咬，踏伤刚出生的仔犬，甚至母犬会将全部仔犬咬死吃掉。有的母藏獒，特别是初产藏獒，经验不足，只顾分娩，会将前面出生的仔犬扔在一旁，任其爬拱，甚至压死在体下或背后。对这类母犬，可利用藏獒对主人百般温顺的特点，主人在安抚母犬的同时，小心将爬离母犬的小犬或压在母犬背后的小犬拿出来，塞回到母犬后腹部，免于仔犬受冻或死于不测。操作时应先抚摸母犬头部，以示亲切和关心，再逐渐将手伸到前胸部，在母犬不产生警觉并安心时，才将背后小犬拿出，并立即送到母犬怀中。据统计，藏獒新生仔犬的死亡，37.5%死于出生当天。所以，对分娩母藏獒的护理，应侧重于仔犬。特别是初产母犬，加强产中、产后护理更显重要。否则，其新生仔犬几乎难以存活。

四、助产

前已述及，在一般情况下母藏獒会自行顺利分娩，主人应尽量少加干预，以免引起母犬的不安，影响正常分娩。但在母犬不能顺利分娩时，就应进行人工助产。

人工助产多在胎儿即将娩出，因姿势或位置不正等原因，被卡在产道某一部位，使母犬单靠自身努责已无力娩出时进行。助产的具体做法是：助产者手戴经消毒的乳胶手套，托住胎儿露出外阴的部分，在母犬努责间歇的空间，将胎儿轻轻送回子宫，并矫正胎位至正确位置，形成正产，然后趁母犬再次开始努责时，将胎儿小心向外牵引。动作一定要轻要稳，要顺应配合母犬的努责，时停时引，使胎儿顺利娩出。胎儿产出后，如果母犬已过度虚弱，无力照顾新生仔犬，助产人员即应迅速撕破胎膜，用纱布擦去仔犬口鼻中的黏液，防止胎儿窒息，并在距肚脐 2 厘米处剪断脐带，同时用 5% 碘酒消毒剪断处。该项工作完成后，可在仔犬身上有意涂抹少许母犬的羊水等物，然后将仔犬放在母犬嘴边，让其舔干。其间由于人工助产的原因，母犬可能对仔犬的气味产生怀疑，助产人员必须守在母犬身边注意观察，防止不测。如果母犬神情安静，专心看护新生仔犬，说明母犬未产生怀疑，可任由其护理，主人应尽量减少干预。经助产娩出的仔犬常有呼吸道中吸入羊水发生窒息或假死，此时可先擦去塞住鼻孔的黏液，然后把新生仔犬倒提起来，轻轻拍打背部，排出羊水。若仍无反应，则须由专业人员做人工呼吸。

第七章　藏獒常见疾病的防治

第一节　藏獒常见疾病的预防

一、预防原则

健康、有活力的藏獒能给主人或饲养者带来无尽的欢乐。然而，和其他动物一样，受遗传、环境、气候、食料、喂养、管理等因素的影响，藏獒难免有时会发生疾病，除给其自身带来病痛外，还会直接影响主人或饲养者的生活、情绪甚至健康及安全等。因此，藏獒的疾病防治是藏獒主人或饲养者必须认真对待的工作。藏獒疾病防治的总体原则是预防为主、防治结合、防重于治。而预防的原则是定期免疫、提早发现、及早治疗、及时隔离、避免传播。

二、预防措施

（一）勤观察

主要通过留意藏獒的精神状态、膘情、被毛、食欲、眼睛、耳朵、鼻子、皮肤、尾巴、生殖器官、粪尿等是否正常，还可通过测量体温、呼吸、脉搏等做初步判断。

1. 精神状态

健康的藏獒犬精神抖擞，双目有神，听觉敏锐，反应灵敏。若目光呆滞，听觉迟钝或无反应则属于神经抑制状态，称为精神沉郁或昏迷。若表现兴奋不安、狂躁、惊恐、高声尖叫、转圈、攻击性强等，这样的精神状态称为精神兴奋或狂躁。上述两种精神状态都属不正常的精神表现。

2. 营养状况

判定藏獒营养状况好坏，主要观察膘情和被毛色泽和顺滑度。健康犬肌肉发达，坚实有力，壮而不肥，被毛顺滑富有光泽。若藏獒身体消瘦或过度肥胖，被毛粗糙无光、倒刺毛丛生等，常是患有寄生虫病、皮肤病、慢性消化道疾病、营养不均衡以及某些传染病的表现。

3. 姿态

藏獒在站立或行走时步调不协调，或行走姿势不矫健，甚至四肢明显软弱无力、跛行则表明四肢有异常。如果藏獒躺卧时体躯蜷缩成一团，或将头及爪等垫于腹下，辗转反侧，不时吠叫，则表明腹痛。

4. 体温

在正常情况下，藏獒的体温在一定范围内轻微浮动，通常清晨最低，午后最高，一昼夜间的体温差异不超过1℃。如果超过1℃或清晨体温偏高、午后反而降低，或持续发热，则表明体温不正常，是藏獒发病的征兆。藏獒正常的体温是：幼犬38.5～39℃，成年犬37.5～38.5℃。判定藏獒发热的简便方法是从犬的鼻、耳根及精神状态来分析。正常犬的鼻镜发凉而湿润，耳根部皮温与其他部位相同。如果发现藏獒犬的鼻镜干燥，触摸耳根部感觉温度较其他部位高，而且精神不振、厌食，主动找水喝，则表明该藏獒不健康。多数传染病、呼吸道疾病、消化道疾病、全身性炎症等病症均能引起体温升高。而在中毒、脏器衰竭、营养不良及贫血时，体温常降低。

5. 排粪、排尿状况的观察

对排粪、排尿状况的观察应包括排粪、排尿的动作、次数，粪便的形状、数量、气味、色泽等内容。

（二）每年定期做好疫苗免疫工作

咨询相关养犬管理部门及防疫部门，根据当地传染病流行特点及历史，有针对性地注射疫苗。经常使用的疫苗有狂犬病疫苗、犬瘟热疫苗、犬细小病毒疫苗等，多使用犬三联苗、犬五联苗。幼犬、哺乳母犬、妊娠母犬、公犬等应在不同时间、按不同剂量有针对性地注射单疫苗或联疫苗。对藏獒犬进行定时驱虫、保健。加强病犬的治疗，促进康复。

（三）病犬应及时就医并隔离饲养

防治须贯彻三早，即早发现、早隔离、早治疗，以免延误病情。一旦发现藏獒有异常症状，应及时隔离，防止人兽共患传染病危害人类。特别强调的是，在饲养藏獒的过程中，随时要防止被咬伤或抓伤，也不要直接接触藏獒的体液和粪便等，防止来源不明的病菌传染。

第二节　藏獒常见的传染病防治

一、狂犬病

狂犬病俗称疯狗病，是由狂犬病病毒引起的人兽共患急性接触性传染病。病的特征是，病犬表现狂躁不安，意识紊乱，攻击人、畜，最后麻痹死亡。

【病原】狂犬病病毒属于弹状病毒科狂犬病病毒属，核酸类型为单股 RNA。病毒呈短粗子弹形，长 180～250 纳米、宽 75～80 纳米。病毒主要存在于感染动物的中枢神经细胞和唾液腺，并形成内基氏小体（包涵体）。病毒具有强烈的嗜神经性，也能在鸡胚和肾原代细胞或传代细胞（BHK21）中增殖，一般不形成细胞病变。

狂犬病病毒能抵抗组织的自溶和腐烂，冻干条件下可长期存活。病毒对环境抵抗力较强，在尸体脑内可存活45天，在50%甘油缓冲液内可保存1年以上，但对热和乙醚、丙酮、甲醛和酸碱等很敏感。可被自然光、紫外线、超声波、70%酒精、0.01%碘液等灭活。

病畜及带病的野生动物是本病的传染源，病毒主要存在于病畜的唾液内，在临床症状出现前10～15天，以及临床症状消失后6～7天，唾液中均含有病毒。主要通过咬伤发生感染，也可经消化道和呼吸道发生感染。很多病犬是通过野生肉食动物及隐性带毒的吸血蝙蝠咬伤而感染。所有温血动物，包括鸟类皆能感染，尤以犬最易感染，呈散发形式发生。

【症状】感染狂犬病病毒的患犬，潜伏期一般为2～8周，长的可达1年或数年。根据临床症状发展的不同，可分为前驱期（沉郁期）、狂暴期（兴奋期）和麻痹期。整个病程6～8天，少数病例可延至10天。

① 前驱期。发病初期，患犬行为异常，精神沉郁，喜藏暗处，不听呼唤。瞳孔放大，反射功能亢进，稍有刺激便极易兴奋。咬伤处发痒，常以舌舔局部。此期间体温无明显变化。前驱期一般1～2天。

② 狂暴期。病犬反射兴奋性明显增高。光线刺激、突然的声响、抚摸等都可使之狂躁不安。狂躁发作时，病犬到处奔走，远达40～60千米，沿途随时都有可能扑咬人及家畜。病犬行为凶猛，间或神志清楚，重新认出主人，拒食或出现贪婪性狂食现象，也常发生呕吐。狂暴期一般3～4天，也有狂暴期很短或仅见轻微表现即转入麻痹期。

③ 麻痹期。经过狂暴期，病情进入末期即麻痹期。主要表现喉头和咬肌麻痹，大量流涎、吞咽困难、下颌下垂，不久后躯麻痹，不能站立，昏睡，最后因呼吸中枢麻痹或衰竭而死亡。此期1～2天。

近年来，狂犬病流行国家中，普遍存在着不显症状的带毒现象，即所谓的“顿挫型”感染（非典型）。这是一种非典型的临床感染，病程极短，症状迅速消退，但体内仍可存在病毒。这种患犬

是非常危险的传染源。

【诊断】根据典型的临床症状，结合咬伤史，可初步诊断。但对于“顿挫型”感染的无症状犬，则需进一步做实验室检查，才能确诊。

【治疗】目前对狂犬病无治疗方法。因对人、畜危害大，狂犬病患犬无治疗意义。一经发现，一律捕杀并无害化销毁。

【预防】狂犬病的预防主要是接种狂犬病疫苗。目前使用的疫苗有2种，一种是狂犬病疫苗，用于犬类及其他家畜狂犬病的预防；另一种是狂犬病弱毒细胞冻干苗，供预防犬狂犬病用。用法、用量可参见说明书。加强检疫，引进未接种疫苗的犬应隔离观察几个月。如被可疑病犬咬伤，伤口应立即彻底消毒，用肥皂水清洗，3%碘酊消毒，迅即免疫接种。若有条件可结合免疫血清治疗。

二、犬瘟热

犬瘟热是由犬瘟热病毒引起的一种传染性极强的病毒性疾病。本病多发生于3～6月龄藏獒幼犬，育成犬也有感染。临床特征为双相热型，严重的出现消化道和呼吸道炎症和神经症状，少数病例出现脑炎症状。

【病原】犬瘟热病毒属于副黏病毒科麻疹病毒属，属RNA型病毒，与麻疹病毒和牛瘟病毒之间存在某些共同抗原物质。该病毒对乙醚敏感。冷冻干燥－70℃以下可保存1年以上，－10℃半年以上，4℃时7～8周，室温7～8天尚能存活。最适pH值为7～8，对碱抵抗力弱。3%氢氧化钠、3%福尔马林或5%石炭酸溶液均可作为消毒剂。本病流行于全世界，多发于冬春季节。

病毒的感染途径主要是与病犬直接接触，通过呼吸道和消化道交叉、平行传播，也可经胎盘垂直传播。此外，病犬的鼻液、眼眵及尿中也含有大量病毒，其污染的食料、用具及周围环境也是重要的间接传染源。

病毒单独感染时症状轻微，继发细菌感染时症状加重。已确认的继发感染细菌有呼吸道的支气管败血症菌和溶血性链球菌以及消化道的沙门氏菌、大肠杆菌、变形杆菌等。

【症状】潜伏期为 3 ~ 6 天。病初为病毒感染期，精神轻度沉郁，无食欲，眼、鼻流出浆液性分泌物，表现为体温升高 39.5 ~ 41℃，持续 2 天后下降至常温，患犬表现正常。维持 2 ~ 3 天后，体温再次上升至 41℃以上，持续时间较长，病情又趋恶化。精神极度萎靡、食欲废绝、消瘦、脱水、可视黏膜发绀，两侧性结膜炎或角膜炎，流黏液性或脓性眼眵。呼吸系统的症状是本病的主要症状。鼻液增多，并渐变为黏性或脓性鼻液，有时混有血液，在打喷嚏和咳嗽时附着鼻孔周围。呼吸急促，张口呼吸，但症状恶化时呼吸减弱，由张口呼吸变为腹式呼吸。咳嗽是由咽喉炎、扁桃体炎或支气管肺炎所引起的，初期为干咳，后发展为湿性痛咳。

有少部分病例于疾病末期，在下腹部或股内侧散在米粒大至绿豆大的水疱性、腺癌性皮疹。病犬足枕角质层增生（称硬跖症）。

在病的恢复期或开始发热时就可出现神经症状。神经症状主要由病毒侵入大脑并增殖而产生的非化脓性脑炎所致，多突然发生。初期表现敏感或口唇、耳、眼睑抽搐，随后出现兴奋、癫痫、转圈运动、突进等阵发症状。最初发作时间短（数秒至数分钟），一天内发作数次，以后发作时间逐渐延长。有的表现为头颈、四肢、躯干肌群的抽搐，或运动失调、后躯麻痹。出现神经症状的多预后不良，少数病犬恢复后仍留有局部抽搐的后遗症。

【诊断】典型病例，根据临床症状及流行病学资料，可以做出诊断，在患病组织的上皮细胞内发现典型的细胞质或核内包涵体，也可确诊。由于本病在相当多的场合存在混合感染（如与犬传染性肝炎混合感染）和细菌继发感染而使临床症状复杂化，所以诊断比较困难。此时，必须进行病毒分离或血清学诊断才能确诊。

【治疗】为防止细菌继发感染，可应用抗生素和磺胺类药物，同时使用维生素制剂，输注林格氏液和葡萄糖注射液，采用各种对症疗法。此外，加强护理，注意食饵疗法也很重要。本病的特异性疗法是大剂量使用抗犬瘟 1 号或高免血清。在病的早期结合抗生素等药物可控制混合感染而提高治愈率。

抗犬瘟 1 号以 80 毫克/头的剂量皮下注射，每日 1 次，连用 5

天。为控制继发感染，磺胺嘧啶钠可按每千克体重 60 毫克静脉注射。同时使用广谱抗生素，头孢拉定每千克体重 10 毫克静脉注射。或头孢唑啉每千克体重 40 毫克静脉注射，每日 2 次。氨苄青霉素每千克体重 20 毫克静脉注射，每日 2 次，可维持血中有效浓度。病初投予抗生素时，并用地塞米松 5 ~ 20 毫克肌内注射，每日 1 次，具有消炎解热作用。病程长、有脱水症状的犬，大量补给葡萄糖和电解质混合液。并加入维生素 B_1、辅酶 A、细胞色素 C、ATP 等能量合剂。此外，还可选用收敛药、止吐药、止咳祛痰药等。

【预防】主要采取综合性防疫措施。加强饲养管理，饲养环境用 3% 氢氧化钠溶液或 5% 福尔马林溶液消毒。病犬及时隔离，污染的饲具、场地及时消毒。本病死亡率和淘汰率较高，预防接种犬瘟热疫苗尤为重要。免疫程序是：藏獒幼犬在 9 周龄和 15 周龄分别接种 2 次疫苗，如果仔犬未吃到初乳必须在 2 周龄开始，间隔 2 周连续接种疫苗到 14 周龄为止。为保持免疫状态，每年免疫 1 次。此外，高免血清可作为紧急接种措施，有 2 周保护力。首次免疫也可采用麻疹疫苗，有一定的预防效果。

三、犬细小病毒病

犬细小病毒病是由犬细小病毒引起的一种急性传染病。临床上以出血性肠炎或非化脓性心肌炎为特征，该病多发于 2 ~ 6 月龄藏獒幼犬。

【病原】犬细小病毒属于细小病毒科细小病毒属，本病毒对各种理化因素有较强的抵抗力，在 pH 值 3 ~ 9 和 56℃ 条件下至少能存活 1 小时。福尔马林、β-丙内酯、氧化物和紫外线能使其灭活。

感染犬是本病的主要传染源。病毒随粪便、尿液、呕吐物及唾液排出体外，污染食物、垫料、食具和周围环境。康复犬的粪便可能长期带毒。此外，无临床症状的带毒犬也是危险的传染源。传播途径主要是病犬与健康犬直接接触或经污染的饲料通过消化道感染。断奶前后的幼犬对本病最易感，且以同窝暴发为突出特征。犬群密度大时常呈地方性流行。

【症状】临床表现有两种病型，即出血性肠炎型和急性心肌炎型。

① 肠炎型。潜伏期 7 ~ 14 天。各种年龄的犬均可发生，3 ~ 4 月龄断奶幼犬最为多发。表现为出血性腹泻、呕吐、沉郁、白细胞明显减少等综合症状。剧烈的腹泻呈喷射状，病初呈黄色或灰黄色，混有大量黏液和黏膜，随后粪便呈番茄汁样，有特殊的腥臭味。并发细菌感染时，体温升高，迅速脱水，眼窝凹陷，皮肤弹性减退。病犬因水、电解质严重失调、酸中毒，常于 1 ~ 3 天内死亡。发病率和死亡率分别为 20% ~ 100% 和 5% ~ 10% 。

② 心肌炎型。多见于 4 ~ 6 周龄的仔犬。发病初期精神尚好，或仅有轻度腹泻，个别病例有呕吐。常突然发病，可视黏膜苍白，病犬迅速衰弱，呼吸困难，心区听诊有心内杂音，常因急性心力衰竭而突然死亡，死亡率为 60% ~ 100% 。

【诊断】根据流行病学、临床症状和病理学变化特点，对出血性肠炎型一般可以作出诊断。但对初发病例，则必须进行实验室检查。

【治疗】本病目前尚无特效疗法，一般多采用对症疗法和支持疗法。如大量补液、止泻、止血、止吐、抗感染和严格控制采食等。肠炎型多死于脱水所致的休克和急性胃肠炎，应以输液纠正电解质平衡为主。心肌炎型多来不及治疗即死亡。为了控制继发感染和纠正脱水，可用 5% ~ 10% 葡萄糖注射液按每千克体重 50 毫升、维生素 C 100 毫克、氟美松 5 毫克，混合后静脉注射。若无红霉素，也可用四环素按每千克体重 8 ~ 10 毫克，配合上述药物静脉注射。每日注射 1 ~ 2 次。

肠炎型所致的脱水，首选林格氏液或乳酸钠林格氏液与 5% 葡萄糖注射液，以 1：（1 ~ 2）的比例静脉滴注。呕吐的犬，丢失大量钾离子，应注意补钾；腹泻的犬，碳酸氢根离子丢失得多，初期可用乳酸林格氏液。持续腹泻应补充碳酸氢钠，以纠正酸碱平衡失调。

病程长、体况差的犬，输液量要保证日需要量，并加入能量合剂。长期补液应注意补充少量镁离子和磷酸根离子，有助于维持心

肌的正常功能。继发感染或肠毒素所致体温升高时，复方氨基比林1～2毫升肌内注射，庆大霉素每千克体重2～5毫克或卡那霉素每千克体重5～15毫克肌内注射。胃肠道出血严重时，垂体后叶素每千克体重0.5～1单位静脉滴注，云南白药口服或深部灌肠。为保护肠黏膜、制止腹泻，口服次硝酸铋或鞣酸蛋白等，配合穴位注射抗生素效果更佳。此外，地塞米松、氢化可的松、左旋咪唑等有一定的非特异性增强免疫功能的作用。

恢复期病犬应加强护理，给予易消化的流质食物，少食多餐。大量饮用口服补液盐溶液。

【预防】加强饲养管理，定期注射疫苗和驱虫。临床试验证明，灭活疫苗安全可靠。藏獒仔犬于45、60和75日龄时分别进行1次免疫，藏獒妊娠母犬产前20日免疫1次，成年犬每年接种2次。藏獒仔犬于20日龄第一次驱虫，以后每月驱虫1次，6月龄后，每季度驱虫1次。

从疫区引进犬时，要进行隔离观察，如犬群出现流行苗头时，应尽快诊断，及早隔离、消毒，并对藏獒易感犬采取药物预防。消毒可用4%福尔马林溶液或2%次氯酸钠溶液。

四、犬冠状病毒感染

本病是由犬冠状病毒引起的以轻重不一的胃肠炎为临床特征的一种传染病，临床上呈致死性的水样腹泻或无临床症状。

【病原】犬冠状病毒属于冠状病毒科，病毒粒子呈圆形或椭圆形，属单股RNA病毒，病毒表面有20纳米的纤突。对乙醚、氯仿、去氧胆酸盐敏感，热和紫外线可将其灭活。

感染犬是本病的传染源。病毒随粪便排出，污染饲料、饮水，经消化道感染。人工感染的犬，排毒时间接近2周。病毒在粪便中可存活6～9天或更长，污染物传染性在水中可保持数日。所以，一旦发病，则在一定时间内较难控制传播流行。发病率与犬群密度成正比，不同品种、年龄、性别的犬均易感。本病多发生于冬季。

【症状】潜伏期一般1～3天。传播迅速，数日内即可蔓延全群。本病的发病率高，但致死率常随日龄增长而降低，成年犬几乎不引起死亡。临床症状轻重不一，可以呈现致死性的水样腹泻，也可能不出现临床症状。突然发病、精神消沉、食欲废绝、呕吐、排出恶臭稀软而带黏液的粪便。呕吐常可持续数天，直至出现腹泻前才有所缓解。以后，粪便由糊状、半糊状至水样，呈橙色或绿色，内含黏液和数量不等的血液。迅速脱水，体重减轻。多数病犬的体温不高，于7~10天可以恢复。但幼犬出现淡黄色或淡红色腹泻粪便时，往往于24~36小时内死亡。

应当注意，犬冠状病毒经常和犬细小病毒、轮状病毒等混合感染，往往可从一窝患肠炎的仔犬中同时检出这几种病毒。

【诊断】该病临床症状、流行病学及病理学变化缺乏特征性变化，因此确诊须依靠病毒分离、电镜观察以及血清学检查。血清学试验可用中和试验。

【治疗】治疗该病，可采用一般胃肠炎的治疗措施，并注意抗感染。除对症治疗外，无特异性治疗方法。用乳酸林格氏液和氨苄青霉素按每千克体重10~20毫克静脉滴注，同时投予肠黏膜保护剂。

【预防】目前尚无疫苗可供使用，主要采取综合性预防措施。

五、副流感病毒感染

副流感病毒感染由副流感病毒引起，急性呼吸道炎症为主。群发是其特征。

【病原】副流感病毒是副黏病毒属中的一个亚群，为RNA病毒，对犬有致病性的主要是副流感病毒2型。病毒的形态与其他副黏病毒没有区别。本病毒对理化因素的抵抗力不强，将其悬浮于无蛋白基质中，室温或4℃经2~4小时，感染力丧失90%以上，在pH值3和37℃条件下迅速灭活，即使在0℃以下，活力也易下降。感染犬的鼻液和咽喉拭子可分离到本病毒。犬通过飞沫吸入感染。仔犬、体弱及处于应激状态的犬易感，病程1至数周不等，死亡率为60%。

【症状】本病以发热、病初流大量浆液或黏液性鼻液、部分病犬咳嗽、扁桃体红肿为特征。混合感染犬的症状加重。部分病例可见咳嗽、扁桃腺发红、肿胀等。

【诊断】本病的临床症状和病理变化与犬瘟热病毒、腺病毒Ⅱ型、呼肠孤病毒、疱疹病毒、支气管败血波氏杆菌、支原体等病原感染的表现相似，应注意加以鉴别。实验室检查主要以血清学检测和病毒分离为主。

【治疗】利巴韦林每次50～100毫克，口服，每日2次，连用5日，防止继发感染和对症治疗。常合并使用氨茶碱按每千克体重10毫克肌内注射，地塞米松每千克体重0.5～2.0毫克肌内注射等。同时，维生素C每次2 000～4 000毫克。

【预防】接种副流感病毒疫苗。无此疫苗时，可使用其他多种疫苗间接预防本病。加强饲养管理，可减少本病的诱发因素。发现病犬及时隔离。

六、传染性支气管炎

传染性支气管炎也称犬窝咳，是除犬瘟热以外，由多种病原引起的犬传染性呼吸器官疾病。本病可侵害任何年龄的藏獒。

【病原】本病由多种病毒（犬副流感病毒、腺病毒Ⅱ型、疱疹病毒、呼肠孤病毒等）、细菌（可能为条件性致病菌）、支原体（虽不单独致病但可加重病毒性呼吸系统感染）单一或混合感染所致。环境因素如寒冷、贼风或高湿度等，能增加机体的易感。

【症状】单发的轻症藏獒表现为干咳，咳后间有呕吐。咳嗽往往随运动或气温变化而加重，人工诱咳阳性。当分泌物堵塞部分呼吸道时，听诊可闻粗粝的肺泡音及干性啰音。混合感染危重的藏獒，体温升高，精神沉郁，食欲不振，流脓性鼻液，疼痛性咳嗽之后，持续干呕或呕吐。

【诊断】单独感染的症状较轻，重症犬多为混合感染。可通过气管镜直接检查，气管清洗或咽喉拭子取病料，分离培养病原菌。混合感染严重的犬，X线摄片可见病变肺部纹理增强。

鉴别诊断犬瘟热患犬的眼结膜触片及白细胞涂片可检出包涵体。寄生虫性或过敏性支气管炎的血液中嗜酸性核粒细胞增加，气管及支气管病料可见增多的嗜酸性粒细胞。

【治疗】病毒感染时，可用抗血清及对症和支持疗法。支原体和细菌感染时，通过分离菌种及细菌耐药性试验，选择有效的抗生素。常用的抗生素有红霉素、头孢唑啉、卡那霉素、氨苄青霉素、庆大霉素等。为抑制咳嗽，可投予蛇胆川贝液、氨茶碱等，也可用对支气管有扩张和镇静作用的盐酸苯海拉明、马来酸、扑尔敏等。轻症病犬预后良好，经 2～3 日或数周可自然恢复，但应注意避免转为支气管肺炎。

【预防】为防止病毒性病原体的感染，藏獒出生后，必须定期免疫接种。此外，要加强饲养管理，藏獒犬舍区要经常消毒，可用 3%～5% 福尔马林溶液喷雾消毒，也可用紫外线消毒犬舍。

七、犬传染性肝炎

犬传染性肝炎是由犬传染性肝炎病毒引起的急性败血性传染病。以肝小叶中心坏死、肝实质细胞和内皮细胞核内出现包涵体及出血时间延长为特征。

【病原】犬传染性肝炎病毒属于腺病毒科哺乳动物腺病毒属，DNA 型，直径 70～80 纳米。病毒的抵抗力强，室温下可存活 10～13 周，37℃存活 26～29 天，60℃，3～5 分钟灭活，但在冷藏库中可放置 9 个月。附着于注射针头上的病毒可存活 3～11 天，只靠酒精消毒不能阻止其传播。紫外线可灭活，甲酚和有机碘类消毒药也可杀灭本病毒。

病犬和带毒犬是本病的传染源。病犬的呕吐物、唾液、鼻液、粪便和尿液等排泄物和分泌物中都带有病毒。康复犬可获终身免疫，但病毒能在肾脏内生存，经尿长期排毒。主要通过消化道感染，也可以外寄生虫媒介传染，但不能通过空气经呼吸道感染。本病不分季节、性别、品种均可发生，尤其是不满 1 岁的幼犬，感染率和致死率均较高。

【症状】根据临床症状和经过可分为4种病型。

（1）特急性型 多见于初生仔犬至1岁内的幼犬。病犬突然出现严重腹痛和体温明显升高，有时呕血或血性腹泻。发病后12～24小时内死亡。临床病理呈重症肝炎变化。

（2）重症型 此型病犬可出现本病的典型症状，多能耐过而康复。病初，精神轻度沉郁，流水样鼻液，羞明流泪，体温高达41℃，持续2～6天，体温曲线呈马鞍形。随后出现腹痛、食欲不振、口渴、腹泻、呕吐，齿龈和口腔出血或点状出血，扁桃体和全身淋巴结肿大，也有步态踉跄、过敏等神经症状。黄疸较轻。

恢复期的病犬常见单侧间质性角膜炎和角膜水肿，甚至呈蓝白色的角膜，有人称之为“蓝眼病”，在1～2天内可迅速出现白色混浊，持续2～8天后逐渐恢复。也有由于角膜损伤造成犬永久视力障碍的。病犬重症期持续4～7天后，多很快治愈。

（3）轻症型 基本无特定的临床症状，可见轻度至中度食欲不振，精神沉郁，水样鼻液及流泪，体温39℃。有的病犬狂躁不安，边叫边跑，可持续2～3天。

（4）不显（无症状）型 无临床症状，但血清中有特异抗体。剖检变化可见肝脏不肿或中度肿大，呈淡棕色至血红色，表面为颗粒状，小叶界线明显、易碎。有的脾脏轻度充血、肿胀。常见皮下水肿，多数病例胸腺水肿。腹腔积液，液体清朗，有时含血液，暴露空气后常可凝固。肠黏膜上有纤维蛋白渗出物，有时肠、胃、胆囊和横膈膜可见浆膜出血。胆囊壁增厚、水肿、出血，整个胆囊呈黑红色，胆囊黏膜有纤维蛋白沉着。

组织学检查可见肝实质呈不同程度的变性、坏死，窦状隙瘀血。肝细胞和窦状隙内皮细胞核内可检出核内包涵体。脾脏可见脾小体核崩解、出血及小血管坏死，在膨大的网状细胞内可见核内包涵体。

【诊断】根据临床症状，结合流行病学资料和剖检变化，有时可以作出诊断。必要时，可采取发热期血液、尿液、扁桃体等，死后采取肝、脾及腹腔液，进行病毒分离。还可以进行血清学诊断（补体结合反应、琼脂扩散反应、中和试验、血凝抑制试验）以及皮内变态反应诊断。

【治疗】无特效药物。此病毒对肝脏的损害作用在发病1周后减退，因此主要采取对症治疗和加强饲养管理。

病初大量注射抗犬传染性肝炎病毒的高效价血清，可有效缓解临床症状。但对特急性型病例无效。对贫血严重的犬可输全血，间隔48小时按每千克体重17毫升，连续输血3次。为防止继发感染，投予广谱抗生素，以静脉滴入为宜。出现角膜混浊，一般认为是对病原的变态反应，多可自然恢复。若病变发展使前眼房出血时，用3%~5%碘制剂（碘化钾、碘化钠）、水杨酸制剂和钙制剂以3∶3∶1的比例混合静脉注射，每日1次，每次5~10毫升，3~7日为1个疗程。或肌内注射水杨酸钠注射液，并用抗生素点眼液。注意防止紫外线刺激，不能使用糖皮质激素。对于表现肝炎症状的犬，可按急性肝炎进行治疗。葡醛内酯按每千克体重5~8毫克肌内注射，每日1次；辅酶A每次500~700单位，稀释后静脉滴注。肌苷每次100~400毫克，口服，每日2次。核糖核酸每次6毫克，肌内注射，隔日1次，3个月为1个疗程。

【预防】目前主要采取综合性防疫措施。预防该病的根本在于免疫，国外已经推广应用灭活疫苗和弱毒疫苗。目前国内生产的灭活疫苗免疫效果较好，且能消除弱毒苗产生的一过性症状。藏獒幼犬7~8周龄第一次接种、间隔2~3周第二次接种，藏獒成年犬每年免疫2次。

八、犬埃利希氏病

本病为立克次氏体所致细胞胞质内的疾病，临床上以周期性发热、食欲不振、脓性鼻液及贫血的疾病。

【病原】犬埃利希氏体，在自然界中含有埃利希氏体的血红扇头蜱叮咬犬而感染，病原体在犬的单核细胞、淋巴细胞、嗜中性白细胞的胞质内，吉姆萨染色，呈紫红色或蓝色微小球状或短杆菌状聚集的圆形包涵体。

通过蜱卵和各发育期的感染蜱传播本病。

【症状】潜伏期1～3周，病初呈周期性体温升高，食欲下降，流出脓性鼻液、眼屎，口腔黏膜糜烂，体重减轻，可视黏膜苍白，逐步发展成呕吐，淋巴结肿胀，四肢和阴囊水肿，胸腔、腹腔积水。排出稀粪，含有黏液、血丝、血液，带有腥臭气味等。有些病例在腋下、股内侧的皮肤有红斑，狂躁不安，麻痹，痉挛，对外界敏感。

【诊断】本病的确诊，血中白细胞、红细胞、血小板血色素值均减少。血涂片，在单核细胞、淋巴细胞、白细胞的胞质内有球状体的集落的埃利希氏体，可以确诊。

【防治】消灭血红扇头蜱，当发现有蜱卵，用双甲脒或灭虱精洗浴。药物治疗，土霉素每千克体重35毫克，一次喂服，一天1次，连喂2周，同时用维生素B_{12}0.2毫克，一次肌内注射，一天1次，连用3～5天。有条件的地方可输血，每次可输入犬的血浆100～150毫升。并给予高营养、易消化、易吸收的食物。

第三节　藏獒寄生虫病的防治

一、犬巴贝斯虫病

犬巴贝斯虫病，俗称焦虫病，由巴贝西虫科的犬巴贝西虫和吉氏巴贝西虫等寄生所致的血液原虫病。本病经蜱传播。

【病原】

（1）犬巴贝西虫：多呈双梨形，两虫呈锐角相连。在红细胞内寄生的虫体较大，长约5微米，圆形，虫体直径为2～3微米。

（2）吉氏巴贝西虫：虫体较小，多呈环形，逗点状，一个红细胞内可寄生20～30个虫体。环形虫体长为1.5～2微米。

犬巴贝西虫的生活史需要传播媒介（蜱）的参与才能完成。当雌蜱吸取病犬血液时，巴贝西虫随之进入蜱体内，然后转入蜱的生殖系统，经过蜱卵传给下一代蜱。当第二代蜱的各期虫体叮咬健康犬时，使其感染。

【症状】病犬多有进山史。病初精神状况无明显变化，或仅表倦怠，或不活泼，稍减食，常不被人注意。以后进入急性发高热，精神沉郁，食欲废绝，营养不良、消瘦，体重减轻，脉搏、呼吸频数，可视黏膜苍白，贫血。部分患犬鼻流清涕，尿呈茶褐色。

【诊断】

根据临床症状，流行病学，及在犬身上发现有蜱，基本可以作出初步诊断。

血常规检查，外周血涂片镜检，红细胞显著减少，最低可减少到每平方毫米 100 万～200 万，多数白细胞升高，每平方毫米 1.5 万～3.6 万，血红蛋白含量仅 2%。

病原检查：静脉采血制作薄片，以姬姆萨或瑞氏染色镜检，可以看到典型的巴贝西虫体，即可确诊。

【治疗】

1. 病原治疗

① 贝尼尔，每千克体重 12 毫克，分 2 次，每天 1 次，连用 2 天，肌内注射。

② 咪唑苯脲二盐酸盐，按每千克体重 9 毫克，肌内注射，隔日重复 1 次。

③ 阿卡普林，按每千克体重 0.5 毫克，皮下或肌内注射，隔日重复一次。这 3 种药物对早期急性患犬疗效显著。

2. 对症疗法

对病程长的病犬，除以上病原疗法外，尚需进行对症治疗和支持疗法。每日静脉注射复方氯化钠 500 毫升，50% 葡萄糖注射液 40 毫升，维生素 C 1 克，氢化可的松 0.1 克。静脉注射碳酸氢钠 20 毫升。

对严重贫血的病犬应用血液代用品或给予输血效果较好。

【预防】灭蜱。

二、锥虫病

锥虫病又叫苏拉病，是由锥虫科的伊氏锥虫引起的一种急性或慢性的血液原虫病。主要以贫血、进行性消瘦、黄疸、高热、心机能衰竭及体表浮肿等为特征。

【病原】伊氏锥虫呈柳叶状，长 18～34 毫米，宽 1.5～2.0 微米。前端比后端尖，波动膜发达，游离鞭毛长 6 微米。虫体中央有一个椭圆形的核，后端有小点状的动基体。胞浆内含有少量空泡。在姬姆萨染色的血片中，虫体的核和动基体呈深红色。

【症状】病犬精神沉郁，体温升高，可视黏膜黄染、贫血、呼吸及心跳加快，红细胞数随病情加重而急剧减少，血红蛋白相应减少。病至后期，患犬消瘦，虚弱无力，淋巴结急性肿胀，腹下、胸前及四肢呈游动性水肿，运动失调。眼结膜初期多充血、潮红，羞明、流泪，有黏液性分泌物，逐渐变为角膜混浊，视力下降，甚至失明。

【诊断】根据流行病学及临床症状，可作出初步诊断。但最后确诊仍需进行病原检查。

（1）血液内虫体检查　由病犬静脉采血，经涂片镜检后，置油镜下观察，在红细胞间隙查找锥虫。或将血液加 2 倍生理盐水稀释，置高倍镜下观察可见有活动的虫体。还可采取抗凝血 2～3 毫升，吸取白细胞层的液体镜检，此法检出率较高。

（2）血清学诊断　常用有间接血凝实验、直接凝集实验、补体结合实验、升汞反应及福尔马林反应等。

【防治】

（1）纳加诺尔（拜耳—205）　每千克体重 10～20 毫升，用生理盐水配成 10% 的溶液，静脉注射，一周后再注射一次。该药对犬可能出现副作用，如眼睑、腹下等处水肿，口炎等，轻者一周左右自愈，重者则需要对症治疗，为了减轻副作用，可在注射纳加诺尔的同时，应用少量钙制剂。

（2）安锥赛（硫酸喹啉嘧啶胺）　每千克体重 5 毫克，以生理盐水配成10%溶液，皮下或肌内注射，隔日1次，连用2~3次。

本病的预防应做好消灭吸血昆虫工作，同时不喂生肉、生血，必要时可用药物预防。

三、弓形虫病

弓形虫病是由龚地弓形虫引起的人、兽共患的原虫病。世界各地广泛传播，多为隐性感染，但也有出现症状甚至死亡的。

【病原】龚地弓形虫寄生于细胞内。不同发育阶段的虫体形态各异，按其发育阶段的不同，分为5种形态。滋养体和包囊出现在犬和其他中间宿主体内，裂殖体、配子体和卵囊出现在终宿主（猫）的体内。猫粪便排出，在外界环境中发育至具感染性的孢子化卵囊，内含2个孢子囊，每个孢子囊内含4个子孢子。藏獒通常吞食孢子化卵囊或含包囊及滋养体的肉、奶、蛋而感染，除此，也可经呼吸道、眼、皮肤伤口、胎盘等途径感染。

【症状】弓形虫病多发于藏獒幼犬，临床上类似犬瘟热和犬传染性肝炎的症状。主要表现为发热、咳嗽、厌食、精神委顿，病重犬有出血性腹泻、呕吐，眼和鼻有分泌物，呼吸困难，有的引起失明、虹膜炎及视网膜炎，也有因麻痹、痉挛而出现意识障碍。妊娠母犬发生早产或流产。成年犬呈隐性感染，但也有致死的病例。

弓形虫病也可并发犬瘟热，借犬瘟热病毒的免疫抑制特点，可导致无临床症状的感染犬变成急性病例。死后剖检可见肝脏、肺脏和脑有坏死灶。

【诊断】根据临床症状、流行病学可初步疑似本病，确诊需做病原或特异性抗体检查。

【治疗】磺胺二甲嘧啶每千克体重100毫克，分4次口服；长效磺胺每千克体重60毫克，肌内注射。或用磺酰胺苯砜、氧苄胺嘧啶、磺胺6-甲氧嘧啶、乙胺嘧啶等药物治疗。这些药物均有良好的疗效，尤以磺胺6-甲氧嘧啶和磺酰胺苯砜杀灭滋养体的效果最好。

【预防】主要注意禁止给藏獒吃未煮熟的肉类。要保持环境的

清洁，特别要注意防止猫粪的污染。对血清学阳性的妊娠母犬要用磺胺类药物治疗，以防感染后代。

四、球虫病

球虫病是由等孢属球虫引起的一种肠道原虫病，是侵害藏獒幼犬的主要寄生虫病，感染率和发病率均较高，临床主要表现为肠炎症状。

【病原】常见的有3种等孢属球虫，寄生于犬肠道上皮细胞内。从犬粪中排出的卵囊呈卵圆形或椭圆形，无色，无微孔，囊壁两层，光滑。

卵囊在100℃ 5秒钟被杀死，干燥空气中几天内死亡。病犬和带虫的成年犬是主要的传染源，感染途径是消化道。

【症状】急性期病犬排泄血样黏液性腹泻便，并混有脱落的肠黏膜上皮细胞。严重的病犬被毛无光，进行性消瘦，食欲废绝。继发细菌感染时体温升高，病犬可因衰竭而死。老龄犬抵抗力较强，常呈慢性经过。临床症状消退后，即使排便正常，仍有卵囊排出达数周至数月之久。

【诊断】用饱和盐水浮集法检查粪便中有无虫卵。死亡犬剖检可见小肠黏膜卡他性炎症，球虫病灶处常糜烂。慢性经过时，小肠黏膜有白色结节，结节内充满球虫卵囊。

【治疗】呋喃类和磺胺类药是有效的治疗药物。但一种药物初用时效果很好，连用几年后却不见效了。因此一种抗球虫药不能在同一犬上长期使用，以免产生耐药虫株。治疗常用以下药物：磺胺六甲氧嘧啶，每千克体重每日50毫克，连用7天。氨丙啉按每千克体重110~220毫克，混入食料中，连用7~12天。磺胺二甲氧嘧啶每千克体重55毫克，用药1天；或每千克体重每次27.5毫克，用药2~4天，或到症状消失为止。呋喃唑酮按每千克体重1.25毫克，间隔6小时用药1次，用药7~10天。

【预防】本病主要感染源是病犬及带虫的成年犬和污染场地。因此，平时对藏獒应加强管理，注意消灭蝇、鼠，保持犬舍干燥、卫生。发现病犬及时隔离，粪便做无害化处理。

氨丙啉溶液（每升水含0.9克），藏獒母犬分娩前10天开始饮用，藏獒幼犬可连续饮用7天。也可用氨丙啉每日50毫克，连喂7天。

五、蛔虫病

犬蛔虫病是由犬蛔虫和狮蛔虫寄生于犬的小肠和胃内而引起的疾病。本病主要危害藏獒幼犬，影响幼犬的生长发育，严重感染也可导致病犬死亡。1～3个月的藏獒幼犬最易感染。

【病原】犬弓首蛔虫，虫体浅黄色，前端两侧有狭长的颈翼膜，膜上具粗横纹，头端稍弯向腹面。狮弓蛔虫，头端稍向背侧弯曲，从头端开始到近食管末端的两侧具狭长而对称的颈翼膜，膜上横纹较密。藏獒通过吞食感染性虫卵和含幼虫包囊的动物肉，或经胎盘，或吮吸初乳而获感染，幼虫在犬体内移行后，最后达小肠发育为成虫。

【症状】本病主要见于藏獒幼犬。患犬食欲不振，消瘦，发育迟缓。便秘或腹泻、腹痛、呕吐、腹围增大，吸奶时有一种特殊的呼吸音，伴有鼻排泄物。严重者腹部皮肤呈半透明的黏膜状，大量虫体寄生于小肠可引起肠阻塞、肠套叠或肠穿孔而死亡。虫体释放的毒素可引起患犬兴奋、痉挛、运动麻痹、癫痫等神经症状。幼虫移行到肝可导致一过性的肝炎症状，移行到肺可引起肺炎。常见藏獒食入感染性虫卵7～10天后，出现咳嗽、呼吸困难、食欲减退、发热等症状。

【诊断】藏獒幼犬体况不佳，消瘦，发育迟缓，腹围增大，有黏液样腹泻便，可疑似蛔虫感染。粪便中检出虫卵或虫体时，可以确诊。虫卵检查方法有粪便直接检查法和浮集法。

（1）直接检查法　取一小块粪便放于载玻片上，加2～3倍的水混匀后，加盖玻片镜检。

（2）浮集法　取少量粪便于试管内，加饱和食盐水充分混匀，并使液面稍高出试管口，上覆以盖玻片，使液体同盖玻片充分接

触，静止30分钟后取下盖玻片，把液面贴于载玻片上镜检。

【治疗】驱蛔灵（枸橼酸哌嗪），剂量按每千克体重100毫克，口服，对成虫有效；而按每千克体重200毫克口服，则可驱除1～2周龄仔犬体内的未成熟虫体。

左旋咪唑，剂量按每千克体重10毫克，口服。

噻苯咪唑，剂量按每千克体重50毫克，口服。

丙硫苯咪唑，剂量按每千克体重10毫克，口服，每日1次，连服2天。

上述药品在投服前，一般先禁食8～10小时，投药后不再投服泻剂，必要时可在2周后重复用药。在投服驱虫药前应检查犬的肠蠕动，如果肠内蛔虫很多，而肠处于麻痹状态时，在这种情况下投药后往往发生蛔虫性肠梗阻而导致病犬死亡。

广谱驱虫药伊维菌素，按每千克体重0.2毫克，皮下注射，驱虫率95%～100%。

【预防】藏獒犬舍粪便应每日清扫，并进行无害化处理。藏獒犬笼应经常用火焰（喷灯）或开水浇烫，以杀死虫卵。对藏獒应定期预防性驱虫。由于犬的先天性感染率高，一般于出生后20日开始驱虫，以后每月驱虫1次，8月龄以后每季度驱虫1次。

本病为人兽共患病，其幼虫对人的致病性强，应注意防止食入感染性虫卵。

六、钩虫病

钩虫病是由犬钩虫、狭头弯口线虫等寄生于犬的小肠，尤其是十二指肠所引起的以贫血、黑色柏油状粪便、消化功能紊乱及营养不良为特征的常见寄生虫病。

【病原】寄生于犬的钩虫有犬钩虫、巴西钩虫、锡兰钩虫和狭头钩虫等。对藏獒致病较强的是犬钩虫和巴西钩虫，最常见的是犬钩虫感染。

随犬粪便排出的虫卵，在适宜条件下，孵出幼虫并蜕化为感染性幼虫，幼虫经口、皮肤、胎盘或初乳感染藏獒（狭头弯口线虫以经口感染途径较多见)，在犬体内移行达小肠发育为成虫。狭头钩虫的致病性主要是在宿主体内移行时产生钩虫性皮炎，病变部位主要在趾部，只是感染严重时，才表现贫血。狭头钩虫主要出现于北方寒冷地带。本病除经口腔及皮肤感染外，感染幼虫的妊娠母犬尚可经胎盘、乳汁等传给后代。

【症状】临床症状的轻重取决于感染程度。

(1) 最急性型　由胎盘或初乳感染的藏獒仔犬，于生后2周左右哺乳量减少，被毛粗糙，精神沉郁，随之严重贫血、虚脱。

(2) 急性型　多见于藏獒幼犬。表现为食欲不振或废绝，消瘦，眼结膜苍白、贫血、弓背、排黏性血便或带有腐臭味的黑色便。通常，粪便中尚未排出虫卵就已发病。

(3) 慢性型（代偿型）　粪便可以查到虫卵，但还没有完全表现出临床症状，通常发生于急性耐过的带虫犬。由于自身免疫功能及生理代偿功能作用，多数病犬仅呈慢性轻度贫血、胃肠功能紊乱和营养不良。

钩虫性皮炎的犬，躯干呈棘皮症和过度角化。重症犬趾间发红、瘙痒、破溃，被毛脱落或趾部肿胀，趾枕变形，口角糜烂。

【诊断】用饱和盐水浮集法检查患病犬粪便的虫卵，根据虫卵特点即可确诊。对查不出虫卵的病例，可根据贫血、嗜酸性细胞增加及焦油状黏液性血便，可疑似钩虫病。

【治疗】症状轻的犬，用左旋咪唑每千克体重10毫克，1次口服，或每日用丙硫苯咪唑每千克体重50毫克，口服，连用3日。也可用甲苯咪唑，每日每千克体重22毫克，连用3日。用丁苯咪唑，每日每千克体重50毫克，连用2~4日。丙硫苯咪唑每千克体重20毫克，既可杀灭钩虫卵，又可驱成虫。新研制的灭虫丁注射液按每千克体重0.2毫克，皮下注射，效果更佳。

对贫血严重的犬（红细胞压积值20%以下，血红蛋白7%以下）要输血。输血量为每千克体重5~35毫升。同时，投予止血药、收敛药、维生素B_{12}、铁制剂等。

对血液循环障碍的病犬，用双吗啉胺每次5~30毫克，同时静脉滴注5%葡萄糖注射液。

【预防】经常打扫藏獒犬舍，及时清理粪便，保持犬舍干燥。定期送检粪便，检出虫卵，及时驱虫。地面可用硼酸盐处理（10平方米2千克），以杀死幼虫。

七、鞭虫病

犬鞭虫病由毛首科线虫属的狐毛首线虫（又称狐鞭虫）寄生于犬的大肠（主要是盲肠）引起，主要危害藏獒幼犬。临床上消化吸收障碍及贫血为特征，严重感染可引起死亡。

【病原】狐毛首线虫，乳白色，寄生于大肠内的成熟雌虫所产生的虫卵随粪便排出，经过15~20天变为侵袭性虫卵。此时虫卵内含有幼虫，当被犬吞食进入肠道后，幼虫由卵内孵出，附着于大肠上，经1个月发育成性成熟的雄虫和雌虫。

狐鞭虫对犬的致病性主要是由于虫体前端刺入盲肠黏膜，并寄生在黏膜深部，引起黏膜的血管出血，黏膜下呈浅在性炎症变化。但虫体对盲肠壁的损害较轻。

【症状】本病的临床症状与寄生的虫体数量有关。严重感染的病犬，虫体充满盲肠，肠黏膜增厚、坏死、出血及黏液性分泌物增加，粪便中混有多量鲜红色血液，有时粪便呈褐色，有恶臭气味，逐渐出现贫血、脱水等全身症状，偶有引起肠套叠。轻度感染时，犬的症状不明显或无症状，仅表现间歇性软便或带有少量黏液的血便。

【诊断】一般感染无临床症状。严重感染常出现腹泻，贫血，消瘦，食欲不振，粪便中带黏膜和血液，幼犬发育停滞，常导致死亡，剖检可见大肠内有多量虫体和相应病变。用饱和盐水浮集法检查，发现有特征性的腰鼓状虫卵时，可以确诊。

【治疗】丁苯咪唑每千克体重50毫克，口服，连用2~4日，不仅能驱杀鞭虫的成虫，对虫卵也有杀灭作用。羟嘧啶每千克体重2毫克，口服。奥克太尔每千克体重7毫克，口服，连用3次。甲氧乙吡啶（3.6%注射液）每千克体重0.1毫升，皮下注射，对驱杀成虫效果较好。左旋咪唑每千克体重10毫克，口服，也有一定

效果。

【预防】注意环境卫生，及时清除粪便，使藏獒犬舍保持干燥。通常可使用左旋咪唑进行预防性定期驱虫。

八、绦虫病

绦虫病主要由假叶目和圆叶目的各种绦虫的成虫寄生于犬的小肠而引起的常见寄生虫病。轻度感染时，往往不引起注意；只有在大量感染时，病犬才表现贫血、消瘦、腹泻等症状。但因寄生于犬的各种绦虫，其中绦期的蚴体对人和家畜的危害严重，在兽医公共卫生上有着重要意义，因而被医学界所重视。

【病原】绦虫扁平带状，乳白色，由头节、颈节和链体 3 部分组成。绦虫的生活史都要经过 1 ~ 3 个中间宿主才能完成，寄生于犬的绦虫都以犬为终宿主，其中除复殖孔绦虫以蚤为中间宿主外，都以猪、羊、牛、马、鱼、兔、骆驼以及其他野生动物为中间宿主。犬食入感染有中绦期幼虫的肉类后，幼虫在犬小肠内发育成成虫。成虫在犬体内可寄生数年之久。含有虫卵的孕节自链体脱落后，可自行爬出肛门外或随犬粪便排出体外，污染周围环境。孕节中的虫卵逸出后又可感染中间宿主，由此而构成完整的绦虫生活史。绦虫成虫对终末宿生的致病性不强，但中绦期幼虫对中间宿生的危害很大，这是由于幼虫多寄生于中间宿主的脏器实质内，如心、肝、肺、肾、脾、肠系膜，甚至脑组织内，给中间宿主带来致命危险。

【症状】通常，感染犬无特征性临床症状，致病性因寄生绦虫种类、感染程度和藏獒犬龄及健康状况不同而异。轻度感染不引起人的注意，但常可见孕节附着在犬肛门周围或粪便中带有活动性的孕节。严重感染时，出现消化不良、食欲不振或亢进，腹泻、腹痛、消瘦，以致交替发生便秘和腹泻，高度衰弱。虫体成团时，亦能堵塞肠管，导致肠梗阻、套叠、扭转，甚至肠破裂。

【诊断】根据粪便中或肛门周围有似米粒样的白色孕节或短链体即可确诊。也可用饱和盐水浮集法检查粪便中的虫卵，根据粪便

或孕节中的虫卵形态，辨认绦虫种类。

【治疗】可选用下列药物进行治疗。复合灭虫胶囊每千克体重70毫克，口服。吡喹酮每千克体重5~10毫克，口服，或每千克体重2.5~5毫克，皮下注射。氯硝柳胺（灭绦灵）每千克体重100~150毫克，1次口服。服药前禁食12小时，有呕吐症状犬可直肠给药，但剂量要加大。可用南瓜子与槟榔末混合夹在肉块中投服，能驱除绦虫成虫。氢溴酸槟榔素每千克体重1.5~2毫克，口服。阿的平每千克体重0.1~0.2克，口服，用药前禁食12小时。鹤草酚每千克体重25毫克，口服。

【预防】对藏獒定期预防性驱虫，以每季度1次为宜。驱虫时，要把藏獒固定在一定范围内，以便收集排出带有虫卵的粪便，彻底销毁，防止散播病原。不饲喂生肉或生鱼，禁止把不能食用的含有绦虫蚴体的家畜内脏喂藏獒，至少要充分高温煮熟后再喂。加强饲养管理，保持犬舍内外的清洁和干燥，对犬舍和周围环境要定期消毒。绦虫卵对外界环境抵抗力较强，在潮湿的地方可生长很长时间，应选用苛性钠定期消毒。

九、螨病

螨病是由疥螨科的犬疥螨和痒螨科的犬耳痒螨寄生引起以剧烈瘙痒为特征的皮肤病。

【病原】螨虫很小，近圆形，有假头、躯体分为两部：前面称为背胸部，有1~2对足，后为背腹部，有3~4对足，足端可以有吸盘，犬疥螨第1、2、4对足有吸盘。雌虫第1~2对足有吸盘，犬耳痒螨雄虫4对腿均有吸盘，而雌虫仅1、2对腿有吸盘。

【症状】疥螨多寄生于头、耳、口、鼻及胸部，而后发展至全身。根据感染寄生部位不同而有差异。一般幼犬感染较为严重。先表皮发红，有疹块和小结节。初引起皮肤瘙痒。由于啃咬抓擦，皮下组织增厚，皮屑增加，有的严重脱毛。

耳痒螨多寄生于犬的耳内，有时可继发细菌感染，病变可深入到中耳、内耳以至于脑膜等处，患犬经常摇头搔痒。

【诊断】根据临床症状不难确诊。可结合虫体检查：将患部剪毛，刮取皮肤下层屑片置于载玻片上，加5%～10%氢氧化钾溶液，使皮屑溶解，在显微镜下可见螨虫即可确诊。

【治疗】灭虫丁：按每千克体重0.2毫克肌内注射。

螨净：1∶200倍稀释，患部剪毛后擦洗。

双甲脒：1∶400倍稀释，擦洗患部。

【预防】保持犬舍及场所的清洁卫生。定期消毒：保持犬体卫生并定期洗刷。发现螨病及时治疗。

十、蚤病

蚤病是由蚤螯刺吸血及其排泄物刺激引起的皮肤病。

【病原】蚤俗称跳蚤，是一种小型的吸血性外寄生虫，虫体细小无翅，两侧扁平，呈深褐色或黄褐色，体长1～3毫米。寄生于藏獒的蚤主要有犬蚤、猫蚤。蚤多生存于尘土、地面的缝隙及垫草中，成虫一生大部分在宿主身上度过，1只雌虫可产200～400个卵，卵呈白色，有光泽。卵从犬体被毛间落到地上后，经7～14天孵化为幼虫，再经3次蜕皮而成蛹，再经2周后变成成虫。蚤的1个生活周期为35～36.3天。蚤以血液为食，在吸血时引起宿主过敏，产生强烈的瘙痒。蚤还是犬绦虫的中间宿主，可引起犬的绦虫病。

【症状】蚤多易寄生于犬的尾部、腰荐背部、腹后部等。蚤螯刺吸血初期，可见丘疹、红斑和瘙痒，病犬变得不安，啃咬、摩擦皮损部。继发感染时，则引起急性湿疹皮炎。

蚤的唾液可变为变应原，使寄生局部的皮肤发生直接迟发型过敏反应。过敏性皮炎经过时间长时，则出现脱毛、落屑、形成痂皮、皮肤增厚及有色素沉着的皱襞。

寄生严重时可引起贫血。在犬背部中线的皮肤及被毛根部，附着煤焦样颗粒，这是很快通过蚤体内而排泄的血凝块。

【诊断】蚤抗原皮内反应：蚤抗原用灭菌生理盐水10倍稀释，取0.1毫升腹侧或鼠蹊部注射，有感受性的犬，5～20分钟内产生

硬结或红斑。也有于 24～48 小时后表现迟发型反应的犬。

浮集法检查粪便：因为蚤是绦虫的中间宿主，所以粪便中可查到绦虫卵。肛门周围有绦虫结节附着的，可提示蚤寄生。

【治疗】用灭虫丁或鱼藤酮粉剂撒布，或配成所需要浓度喷雾。同时，对藏獒犬舍缝隙、垫草、犬舍的地面及周围环境等撒布驱蚤药。对过敏性皮炎和剧烈瘙痒的病犬，投予泼尼松、扑尔敏及抗生素。脱屑或慢性病例可用洗发液全身清洗，涂布肾上腺素皮质激素及抗生素软膏，以促进痊愈。

【预防】保持藏獒犬舍、犬窝干燥及清洁卫生，并经常消毒。

十一、虱病

虱病是由血虱科血虱属的虱以尖爪、吸血、咬伤及毒性分泌物刺激皮肤而引起的皮肤寄生虫病。

【病原】虱是哺乳动物和禽鸟类体表的永久寄生虫，寄生于犬的虱主要有犬毛虱和犬鄂虱两种。前者淡黄褐色，具有褐色斑纹，咀嚼式口器，头部宽度大于胸部，有触角 1 对，足 3 对，雄虱长 1.74 毫米，雌虱长 1.92 毫米。后者呈淡黄色，口器刺吸式，头部较胸部窄，呈圆锥状，触角短，有 3 对足，雄虱长 1.5 毫米，雌虱长 2 毫米。

虱在宿主被毛上产卵，卵经 7～10 天孵化成幼虫，数小时后就能吸血。然后再经 2～3 周的反复 3 次蜕皮而变成成虫。成虫的寿命为 30～40 天。

藏獒被大量虱寄生即可发病，动物之间可以接触传播。

【症状】病犬因剧烈瘙痒而表现不安、啃咬，引起脱毛、断毛或擦伤。有时皮肤上出现小结节、出血点或坏死灶，严重时引起化脓性皮炎。

【诊断】寄生于犬的虱均为 2 毫米以下，仔细观察易于发现。通常寄生在避光部位，多见于颈部、耳翼及胸部，可见这些部位的被毛损伤和黏附在被毛上的卵。

【治疗】用 1% 敌百虫溶液药浴或局部涂布，但虫卵不宜杀死，应于10～14天后重复用药1次。伊维菌素每千克体重0.2毫克，皮下注射。西维因0.5%溶液，涂擦患部。林丹0.1%溶液，涂擦患部。

湿疹或继发感染时，药浴刺激性大，可用氨苄青霉素每千克体重5～10毫克，肌内注射。剧烈瘙痒时，泼尼松每千克体重0.5～1.0毫克，肌内注射。酮替芬每千克体重0.02～0.04毫克，肌内注射。

【预防】保持藏獒犬舍、犬窝干燥及清洁卫生，并定期消毒全体。同时，定期检查藏獒，一旦发现虱病，应及时隔离治疗。对新引进的藏獒进行检疫。

第四节　藏獒内科病的防治

一、口炎

口炎是口腔黏膜组织的炎症，包括齿眼炎、舌炎及硬腭炎，临床上以流涎和口腔黏膜潮红肿胀为特征。按炎症的性质可分为卡他性、水疱性、溃疡性、霉菌性和坏疽性口炎，藏獒常见的为溃疡性口炎。

【病因】机械性损伤，如锐齿、异物、骨头、木片等的刺激；生石灰、氨水、强酸强碱等化学性刺激；以及吃了腐败变质的食物、维生素B缺乏；或犬瘟热、乳头状念珠菌等病毒全身感染等均可继发本病。当治疗皮肤炎所用药物被犬舔后也会发病。

【症状】口腔黏膜发红、肿胀、发热、疼痛、过敏，咀嚼障碍，流涎，口腔恶臭，局部淋巴结肿大或柔软，拒绝检查口腔。水疱性口炎，在口腔黏膜上散在米粒大水疱。溃疡性口炎，口腔黏膜及齿龈上有糜烂、坏死或溃疡面，牙床出血。霉菌性口炎，口腔黏膜上形成柔软、灰白色、稍隆起的斑点，口角流出浓稠的唾液。

【诊断】通常表现拒食，即或采食也小心咀嚼、有痛苦感，大

量流涎。渴欲常增加。结合临床症状可确诊。

【治疗】以消除病因和对症治疗为原则。在治疗时，应确定病因并尽早除去，然后进行局部和全身的治疗。在护理上，喂以营养丰富又易于消化的流质食料，如牛奶、肉汤、菜汁等。

（1）清理口腔　除去坏死组织、扩创，用1：4 000高锰酸钾液清洗，也可用生理盐水、3%双氧水、5%明矾液、0.01%溴化度米芬含嗽液、0.2%聚烯吡酮碘含嗽液、0.01%利凡诺液冲洗口腔。溃疡面以碘甘油或1%碘胺甘油液。清洗后，根据口炎的性质选择西瓜霜、复方碘甘油或硼酸甘油、氟美松软膏、制霉菌素软膏、5%硝酸银溶液、1%磺酸甘油混悬液等。

（2）抗菌治疗　青霉素，每千克体重6 000～15 000单位；链霉素，每千克体重10～20毫克肌内注射，每日2次。

流涎明显的犬，可用硫酸阿托品0.5～1毫克肌内注射。出现全身症状时，给予抗生素和磺胺类药物全身治疗。对不能采食的病犬应输液，含乳酸钠的林格氏液（含氯化钠0.69%，氯化钾0.03%，氯化钙0.02%、乳酸钠0.3%）按每千克体重20～40毫升，每日静脉注射2～3次；或每日分次静脉注射葡萄糖氯化钠注射液。

在治疗的同时，还应补给维生素 B_2、维生素 B_{12}、维生素C和抗血浆素剂等，有加速治愈的作用。

二、食道阻塞

食管梗阻是指食管内被食团或异物所阻塞。

【病因】饲料块片（骨块、软骨块、肉块、鱼刺），混在饲料中的异物，由于嬉戏而误咽的物品（手套、木球等）都可使食管发生梗阻。饥饿过甚，采食过急，或采食中受到惊扰，均可致病。

【症状】在食管不完全梗阻时，病犬表现骚动不安、哽噎和呕吐等动作，采食缓慢，吞咽有疼痛感。流涎、干呕和伸头颈是颈部食管梗阻常见的症状。完全梗阻或被尖锐异物阻塞时，病犬高度不安、拒食、头颈伸直、大量流涎，甚至吐出泡沫样黏液和血液，最后窒息死亡。

【诊断】根据病史和突发的特殊临床症状，用胃管探诊可发现梗阻部位。用X线透视或照相，可确定异物的位置和性质。

【治疗】在治疗上，如食管上部阻塞，可用长把止血钳夹出异物；如异物位于食管颈段，在不引起窒息危险的情况下，可用两手拇指推挤异物进入咽腔，然后再用钳子夹出；如异物在食管后段，可用适当粗细、末端钝圆的胶管将异物小心地推入胃中；必要时也可采取食管切开手术除去异物；对位于食管前段的非尖锐异物也可用催吐剂，按每千克体重皮下注射阿扑吗啡1～2毫克或碳酰胆碱1毫克。食管梗阻持续时间长时，均有并发症。必须投予抗生素。

在预防上一定要做到定时定量饲喂，要在食料吃完后再给予骨头。训练中要防止误食异物，防止异物混入饲料中。

三、胃肠炎

胃肠炎是胃肠道表层组织及其深层组织的炎症，临床上以消化功能紊乱、腹痛、腹泻、发热为特征。本病见于各种年龄藏獒，无明显性别差异，但2～4岁藏獒多发。

【病因】原发性胃肠炎主要原因有饲养不良，如采食腐败食物、化学药品、灭鼠药等；过度疲劳或感冒等，使胃肠屏障功能减弱；滥用抗生素而扰乱肠道的正常菌群。此外，某些传染病（如犬瘟热、犬细小病毒病、钩端螺旋体病等）及寄生虫病（如钩虫病、鞭虫病、球虫病等）也常伴发胃肠炎。

【症状】病初呈胃肠卡他性变化，随着病情发展而逐渐加重。胃炎主要表现为食欲废绝，频繁呕吐。呕吐物常混有血液，饮欲亢进，大量饮水后又呕吐。严重呕吐的犬，可导致脱水。患犬体温略升高。触诊腹壁紧张，有明显压痛反应。

肠炎主要表现为剧烈腹泻。病初肠蠕动亢进，伴有里急后重的严重腹泻，粪便混有黏液和血液。后期腹泻便恶臭，患犬肛门松弛，排便失禁。体温40～41℃或降到常温以下。可视黏膜发绀，眼球下陷。病情进一步恶化时，四肢厥冷，腹痛减轻，最后陷入昏

睡、抽搐而死亡。

中毒性和传染性胃肠炎，多并发肾炎和神经症状。

【诊断】根据病史和症状易于诊断，但建立特异性诊断或确定病因，需做实验室检查。

【治疗】对单纯性胃肠炎患犬，应加强饲养管理。病初禁食，限制饮水，然后先给予少量的肉汁或菜汤等，再逐渐增加饲喂量。

病初期，为了排除胃内容物，可投予盐酸阿扑吗啡 2～10 毫克，皮下注射；也可将硫酸铜 0.1～0.5 毫克稀释成 11% 的溶液灌肠，或蓖麻油 15～50 毫升，口服。持续腹泻的犬，可投予鞣酸蛋白 0.5～1.0 克，或次硝酸铋 0.2～0.6 克，口服，每日 2～3 次。

脱水明显的犬，用乳酸林格氏液静脉滴注，或林格氏液与 5% 葡萄糖注射液混合滴注。同时补加碳酸氢钠、维生素 C、B 族维生素和维生素 K，注意强心、保肝等。

此外，中毒性胃肠炎应以解毒为主，传染性胃肠炎采用抗血清和对症、维持疗法；寄生虫性胃肠炎，以驱虫为主，辅之以对症和支持疗法。

四、胃扭转

本病是由胃内容物过多，胃韧带松弛以及打滚、跳跃所致，临床上以突然腹痛、躺卧地下，腹部触摸到球状囊带为特征的疾病。

【病因】胃下垂，胃内容物胀满，脾肿大，钙、磷比例失调，使胃的幽门部从右转向左侧，并被挤压于肝脏，食道的末端和胃底之间，导致胃内容物不能后送。饱食后打滚、跳跃，迅速上下楼梯时的旋转，都可以诱发本病。

【症状】胃扭转时，胃贲门和幽门都闭塞，而发生急性胃扩张，临床上突然表现腹痛，躺卧地下，腹部叩诊呈鼓音或金属音，腹部触诊可摸到球状囊带。触击性触诊，可听到拍水音。呼吸困难，可视黏膜发绀，心跳加快。用胃导管插入和 X 射线来确诊。

【防治】首先插入胃管达不到胃内，不能排出气体和液体，病状不能缓解时，应尽早手术治疗。术后 3～7 天内，为维持水和电解质平衡，应用林格氏液每千克体重50毫升，氨苄青霉素每千克体重30～60毫克，混合后一次静脉注射。为促进胃早日恢复蠕动，甲基硫酸新斯的明5～10毫克，一次皮下注射，一天3次，连用2天。当有食欲的病犬，牛奶、肉汤、菜汤流汁，逐步加大喂量。对有休克的病犬，应进行抢救性治疗，应给予强心剂，呼吸兴奋剂，同时给予电解质。维生素B_1每千克体重1～3毫克，一次皮下注射。三磷酸腺苷二钠每千克体重0.1～0.4毫克，一次皮下注射。

五、胃内异物

本病是藏獒误食难以消化的异物并停留于胃内的状态，多见于幼犬。

【病因】藏獒啃咬物品时，误吞入骨片、木片、石头、金属物、塑料、牵引带、袜子、布块等。此外，胰腺疾病、消化道内有寄生虫、维生素和矿物质缺乏以及有异嗜癖的犬，均可发生本病。

【症状】病犬食欲不振，采食后间歇性呕吐，体重减轻，明显消瘦。触诊肋骨部敏感。

【诊断】X线摄片和钡餐透视可以确诊。

【治疗】洗胃或投予催吐剂。0.1%盐酸阿扑吗啡5～10毫升，皮下注射。严重者可手术切胃取出异物。对骨或小块异物引起暂时性障碍的病犬，一般能与肠内容物同时排出。因此，观察2～3日后再做处置。对异嗜犬，要治疗原发病。

六、肠梗阻

本病由物理性和功能性所致，临床上以呕吐、腹痛、腹围增大为特征。

【病因】异物滞留肠管内不能后移，粪球梗阻、肠内寄生虫、肿瘤、肠套叠、肠扭转、肠绞窄等，造成肠腔闭塞。支配肠壁的神经紊乱，导致肠蠕动减弱或消失，或肠系膜血栓，导致肠管血液循环发生障碍，引起肠壁麻痹，肠内容物滞留。

【症状】呕吐，腹部膨大，肠音亢进，后期减弱，排出焦油样粪，最后停止排粪，阻塞部肠管充血、瘀血、坏死甚至穿孔，可表现腹痛。本病的诊断，可投服钡剂，X 射线检查，确定阻塞部位。

【防治】手术除去阻塞物，切除坏死的肠管。术后禁食 18 小时，5% 葡萄糖 100 ~ 150 毫升，氢化可的松 15 毫克，混合后一次静脉注射，同时用葡萄糖氯化钠 300 ~ 500 毫升，复方氯化钠 300 ~ 500 毫升，10% 葡萄糖溶液 200 毫升，维生素 C 1 克，一天剂量，分上下午两次静脉注射。青霉素每千克体重 10 万单位，一次肌内注射，一天 3 次，连用 7 天。链霉素每千克体重 10 万单位，一次肌内注射，一天 3 次，连用 3 ~ 5 天，禁食 48 小时，可饲喂肉汤、菜汤、果汁，然后改成半流汁。一周后改为常食。

七、肛门囊炎

本病由肛门囊的排泄管受阻塞，肛门囊壁内衬腺体分泌物刺激黏膜所致，临床上以肛门肿胀、甩尾、擦舐，甚至啃咬肛门为特征。

【病因】肛门囊位于内、外肛门括约肌之间的腹侧，左右各一个，呈球形。中型犬肛门囊直径的为 1 厘米。肛门囊以 2 ~ 4 微米长的管道开口于肛门黏膜与皮肤交界处。把犬尾部上举时，开口突出于肛门，一般能看到。肛门囊内衬腺体，分泌灰色或褐色含有小颗粒的皮脂样分泌物，当肛门囊排泄管被堵塞或犬为脂溢性体质时，则腺体分泌物发生贮积，即可发生本病。

【症状】肛门肿胀，不断甩尾，擦舐并试图嘴咬肛门，排便困难，粪便腥臭。有些病例肛门囊破裂，流出大量黄色稀薄液，其中混有脓汁。肛门探诊，肛门周围有瘘管，触诊、探诊疼痛明显。拒绝抚拍臀部。本病的诊断根据临床病状和直肠探诊、直肠镜检查可以确诊。

【防治】防止肛门处受到外来刺激。手术去除阻塞物。犬尾举起，暴露肛门，用拇指和食指挤压肛门囊开口处，或将食指插入肛门与外面的拇指配合挤压，除去肛门囊内的内容物，向囊内注射复方碘甘油，每天 3 次，连用 4～5 天，亦可向囊内注入消炎膏，如金霉素眼药膏、土霉素眼膏、四环素眼膏。当肛门腺已溃烂或形成瘘管时，应手术切除肛门囊，注意不要损伤肛门括约肌和提举肌。术后用青霉素 80 万单位，链霉素 1 克，一次肌注，一天两次，连用 2～3 天。术后 4 天内喂流汁，然后半流汁，一周后转为正常喂食。特别注意手术后不要坐在不清洁地面，以防感染，当 7 天前后拆线时，伤口发痒，需防啃咬伤口。

八、肝炎

肝炎是指肝实质细胞的炎症。临床上以黄疸、急性消化不良和出现神经症状为特征。

【病因】主要是中毒性与传染性因素而引起。中毒性因素，多因采食了霉败食物和腐烂的鱼肉类及其工业加工副产品等有毒分解产物；由于长期服用某些抗生素与磺胺类药物，引起肠道正常菌群的紊乱所致；误服某些刺激性与腐蚀性毒物，如磷、汞、砷；氟化物、酚、氯仿等致使肝脏受到严重损害。传染性因素，如传染性肝炎、钩端螺旋体病、沙门氏菌病、犬细小病毒感染等都会引起肝脏发生炎症；充血性肝炎常见于充血性心力衰竭时，致使肝窦状隙的压力加大，引起周围肝实质缺氧和受压而导致小叶中心变性。

【症状】黄疸和神经症状：病初期，病犬厌食，精神不振，体温升高或正常，脉搏增速，有的兴奋、惊厥和昏迷，甚至对外界无反应，呈嗜睡状态。肌肉震颤，皮肤发痒，用爪不断搔抓皮肤。可视黏膜黄染。消化道症状：常呈现急性消化不良症状，时而便秘，时而腹泻。粪便色泽较淡，味臭难闻。如食入多量脂肪往往易出现脂肪泻。肝脏肿大，触诊最后肋骨弓后缘肝区疼痛，叩诊肝脏浊音区扩大。

【诊断】根据临床症状和肝触诊、叩诊变化，结合尿中胆红素和尿胆原检查，血清中胆红素呈两性反应；麝香草酚与硫酸锌试验，混浊度升高；谷丙转氨酶与谷草转氨酶，特别是乳酸脱氢酶增多等，进行综合分析，可以确诊。但在临床上必须注意与急性胃肠

卡他、急性肝营养不良、肝硬化等鉴别。

【治疗】治疗原则是除去病因，及早治疗，加强护理，清肠止酵，解毒保肝。食饵疗法，饲喂富含碳水化合物、蛋白质和维生素的食物，限制食盐和多脂肪的食物，减少饮水量。清肠止酵，清除肠道内积滞多量腐败发酵物质，可适当应用中性盐类泻剂，如人工盐 10～20 克、萨罗 1～2 克，水适量，经口投服；如属细菌性或病毒性肠道紊乱，可按肠卡他或肠炎治疗。解毒保肝，通常用 25% 葡萄糖溶液 50～300 毫升、维生素 B_1（活性型）20～500 毫克、维生素 B_2（活性型）5～10 毫克、维生素 B_6 5～10 毫克、维生素 B_{12} 20～50 毫克、维生素 K_1 10～20 毫克、硫辛酸 20～30 毫克，分 2 次静脉注射；5% 葡萄糖溶液 50～500 毫升、复方氯化钠溶液 100～200 毫升、硫辛酸 20～30 毫克，静脉注射。肾上腺皮质激素对具有自然治愈能力的轻症肝炎不宜使用。但对长期食欲不振、各种疗法效果不显著、并出现间质反应阳性者，为了抑制间质炎性反应、肝毛细胆管异常、纠正通透性、防止纤维化，或者为了抗过敏、维持水与电解质平衡、制止出血性素质、排出有毒物质等，可使用强的松龙 20～30 毫克，一日量分 3 次内服。初期大量使用，以后逐渐减量，如经口服困难时，可皮下或肌内注射。

传染性肝炎症状持续时间较长（2～3 周），出现黄疸、消化道出血等变化时，可应用肾上腺皮质激素。当出现肝性昏迷时，以生理盐水 50～100 毫升、乳酸 5 毫升，静脉注射。为促进急性肝坏死的再生，可用蛋氨酸 50 毫克，皮下或静脉注射，每天 1～2 次。

九、腹膜炎

本病是由外伤、细菌感染等所致，临床上以腹部隐痛，腹壁紧张蜷缩或渗出液增多而膨大呈水平浊音为特征。临床上见到急性腹膜炎和慢性腹膜炎。

【病因】外物碰伤腹壁，消化道异物穿孔，肠套叠、肠破裂等腹膜受到刺激和感染。膀胱穿孔、子宫蓄脓、子宫扭转、腹部手术感染、腹腔内注射刺激药物等。

【症状】急性腹膜炎，有腹痛表现，头回顾腹部，四肢集于腹下，不愿躺卧，弓背，体温升高。触诊腹壁紧张蜷缩，压痛明显处有温热感，当腹腔积液时，下腹部两侧对称性膨大，叩诊呈浊音，浊音界上方呈鼓音。有些病犬发生便秘、肠臌气，频频努责。呼吸浅表、增数，呈胸式呼吸。腹腔穿刺流出大量的渗出液。本病的诊断，根据腹部感觉反应，叩诊呈水平浊音，便秘、臌气，胸式呼吸、腹腔穿刺液等可作出诊断。

【防治】病犬保持安静，清洁的犬舍中，喂给易消化富有营养的食物。如有便秘可用0.9%氯化钠灌肠。早期用青霉素每千克体重10万单位，一次肌注，一天两次，连用3～5天。复方氯化钠500～1 000毫升，地塞米松5～10毫克，先锋霉素1 000～2 000毫克，混合后一次静脉滴注，每天1次，连用2～3天。腹腔内渗出物过多，及时穿刺放液，放液后注入0.2%的普鲁卡因20毫升，青霉素160万单位，一次注入腹腔内。10%葡萄糖酸钙30～50毫升，一次静脉注射，可制止渗出。对腹腔脏器穿孔、粘连及破裂的，进行腹腔修补手术。腹腔装上清洁导管，术后每天或隔天，用0.1%利凡诺溶液50～100毫升冲洗。

十、感冒

本病是以上呼吸道黏膜炎症为主要症状的急性全身性疾病。多发于气候多变的季节，幼犬发病率高。

【病因】本病具有高度接触传染性，病原可能是病毒。当机体抵抗力降低，饲养管理不当，特别是上呼吸道黏膜防御功能减退时，呼吸道内的常在菌大量繁殖，可导致该病的发生。寒冷、长途运输、过度劳累、雨淋、涉水及营养不良等，可促进该病的发生。

【症状】突然发病，精神沉郁，食欲减退，结膜潮红，羞明流泪，体温升高，皮温不整，流水样鼻液，常发生咳嗽。呼吸加快，胸部听诊肺泡呼吸音增强，心跳加快。

【诊断】主要依据寒冷变化，突然出现上呼吸道轻度炎症来确诊。

【治疗】应用解热剂，注射30%安乃近注射液，或安痛定注射液，百尔定注射液，用量为2毫升，肌内注射，每日1次；或康泰克每次0.5~2粒口服，每日1次；或复方氨基比林2毫升肌内注射，每日2次。为防止继发感染，可适当配合应用抗生素或磺胺类药物。也可用人用速效感冒片，犬与人的剂量相同。

加强藏獒的耐寒锻炼，增强机体抵抗力；防止突然受凉，气温骤变时，设置防寒措施。

十一、肺水肿

肺水肿是肺毛细血管内血液量异常增加，血液的液体成分渗漏到肺泡、支气管及肺间质内的一种非炎症性疾病。临床上以极度呼吸困难、流泡沫样鼻液为特征。

【病因】肺毛细血管压升高、血浆胶体渗透压降低（低蛋白血症）、肺泡—毛细血管通透性改变、淋巴系统障碍等均可引起肺水肿。

【症状】突然发病，弱而湿的咳嗽，头颈伸长、鼻翼扇动甚至张口呼吸、高度混合性呼吸困难、呼吸数明显增多（60~80次/分）。病犬惊恐不安，常取犬坐姿势，结膜潮红或发绀，体温升高，眼球突出，静脉怒张，两侧鼻孔流出大量浅黄色泡沫状鼻液。胸部可听到广泛的水泡音。发生心功能障碍时，病犬呈休克状态。

【诊断】确切诊断主要依据X线检查。

【治疗】首先使藏獒安静，放入笼内。硫酸吗啡按每千克体重0.2~0.5毫克，静脉注射。戊巴比妥钠按每千克体重6~10毫克，静脉注射。

为改善气体交换立即输氧或吸入消泡剂40%乙醇。扩张支气管可投予氨茶碱，每千克体重6~10毫克，速尿（呋喃苯胺酸）每千克体重2~4毫克口服，可减少肺毛细血管压。异羟基洋地黄毒苷每千克体重0.01~0.02毫克，静脉注射（分3次用药），或盐酸多巴胺按每千克体重2~8微克，静脉注射也有一定效果。

为缓解循环血量，可按每千克体重放血6~10毫升。对心律失

常的犬，给予心得安，每千克体重0.04～0.06毫克，静脉注射。

渗透性肺水肿可大量投予类皮质酮，如甲基去氧氢化可的松，每千克体重30毫克，静脉注射，每日2次。布美他尼0.5～1毫克口服，每日2次。

十二、支气管炎

支气管炎是指气管、支气管黏膜及其周围组织的急性或慢性非特异性炎症。临床上以咳嗽、气喘、胸部听诊有啰音为特征，多反复急性发作于寒冷季节。

【病因】原发性支气管炎主要是寒冷刺激和机械、化学因素的作用。继发性支气管炎多为病原体感染所致。主要病原体有病毒（犬副流感病毒、犬腺病毒、犬瘟热病毒等）、细菌（肺炎双球菌等）、寄生虫（肺丝虫、蛔虫等），偶有真菌、支原体感染引起的。化学性刺激包括吸入烟、刺激性气体、尘埃、真菌孢子、强硫酸等。机械性因素有过度勒紧脖圈、食管内异物及肿瘤、肺肿瘤或心脏异常扩张等超负荷压迫支气管使支气管内分泌物排泄不畅等，均可刺激呼吸道黏膜而引起支气管炎症。

【症状】急性支气管炎主要表现剧烈的短而干性的咳嗽，随渗出物增加而变为湿咳。两侧鼻孔流浆液性、黏性乃至脓性鼻液。肺部听诊支气管呼吸音粗粝，发病2～3日后可听到干、湿性啰音。并发于传染病的支气管炎，体温升高，出现严重的全身症状。

慢性支气管炎多呈顽固性湿咳，有的持续干咳。体温多正常。肺呼吸音多无明显异常，有时能听到湿性啰音和捻发音。如果支气管黏膜结缔组织增生变厚，支气管腔狭窄时，则发生呼吸困难。

【诊断】本病主要根据明显的咳嗽和胸部听诊有干、湿性啰音以及X线检查来确诊。胸部X线检查，急性支气管炎可见沿支气管有斑状阴影；慢性支气管炎可见肺纹理增强，支气管周围有圆形X线不透过部分。

【治疗】使病犬安静，犬舍内要保温、通气及环境清洁。消除炎症可使用氨苄青霉素每千克体重40毫克，静脉滴注，每日1次；

酪氨酸每千克体重 5~10 毫克，肌内注射，每日 2 次。急性病例可并用地塞米松，每千克体重 0.3 毫克，肌内注射，每日 2 次。

镇咳、祛痰、解痉可用磷酸可待因，按每千克体重 1~2 毫克，口服，每日 2 次；氯化铵按每千克体重 0.2 毫克，口服，每日 2 次。必要时同时使用镇咳药物和抗组胺药物。

有条件的可采用吸入疗法，或大量吸氧。慢性支气管炎，可内服碘化钾或碘化钠，每千克体重 20 毫克，每日 1~2 次。

十三、肺炎

肺炎主要是指肺实质的炎症，以高热稽留、呼吸障碍、低氧血症、肺部广泛性浊音区为特征。肺炎常并发气管支气管炎、支气管炎或咽炎。

【病因】本病主要是病毒、细菌侵害呼吸系统所致。受寒感冒、劳役过度等因素也可诱发本病。此外，组织胞浆菌、芽生菌、球孢子菌等可引起霉菌性肺炎。过敏反应、寄生虫幼虫的移行使支气管黏膜的损伤及刺激性物质的吸收，都可直接引起肺炎。

【症状】病犬精神不振、食欲减退或废绝，体温高热稽留，脉搏增数至 140~190 次/分，结膜潮红或发绀。咳嗽、呼吸急促、进行性呼吸困难，常流铁锈色鼻液。肺部叩诊，病变部呈浊音或半浊音，周围肺组织呈过清音。初期听诊呼吸音减弱，以后转为湿性啰音。

【诊断】肺炎的诊断并不困难，但需对渗出物和黏液等进行实验室检查方能确定特异性原因。病毒性肺炎，通常白细胞较少；霉菌性肺炎一般呈慢性经过，用常规抗生素治疗效果较差或完全无效。在近期进行全身麻醉或有严重呕吐病史的藏獒，可怀疑有吸入性肺炎。

【治疗】该病的治疗原则是消除炎症，祛痰止咳，制止渗出和促进炎性渗出物吸收。

（1）供氧　把患犬关在温暖干燥的舍内，如表现严重缺氧，应给予吸氧。用浓度 30%~50% 的氧气帐篷较好。

（2）消除　炎症临床常用抗生素和磺胺制剂。常用的抗生素有青霉素、链霉素及广谱抗生素。常用磺胺制剂有磺胺二甲基嘧啶等。青霉素20万~40万单位，肌内注射，每8~12小时1次。链霉素0.1~0.3克，肌内注射，每8~12小时1次。青霉素和链霉素并用效果更佳。磺胺二甲基嘧啶，用量按每千克体重60毫克，静脉注射，每12小时1次。

对霉菌性肺炎，如用常规抗生素无效，可以应用两性霉素B，按每千克体重0.125~0.5毫克，以注射用水或5%葡萄糖注射液，临用前配成0.01%注射液缓慢静脉注射，隔日1次或1周2次。

（3）祛痰止咳　祛痰止咳的应用时机和用药方法，同气管支气管炎的治疗。为制止渗出和促进炎性渗出物吸收，可静脉注射10%葡萄糖酸钙注射液5~10毫升，每日1次。

为了增强心脏功能，改善血液循环，可适当选用强心剂，如安钠咖液、强尔心液等。维持胸膜腔内压。胸腔内有渗出液和气胸时，可通过胸腔穿刺排除。对湿性咳嗽的病犬应给予氯化铵每千克体重100毫克，口服，每日2次。当患犬呼吸困难时，可肌内注射氨茶碱，每千克体重5毫克。要注意监测重症犬酸碱及电解质平衡情况。

十四、胸膜炎

本病系因胸壁严重挫伤、传染病、食道穿孔等所致，临床上以胸壁敏感、叩诊呈水平浊音、听诊有胸膜摩擦音为特征。依其病程，可分为急性和慢性；依其病变，可分为局灶性和弥漫性。

【病因】原发病常见于胸壁挫伤、碰击伤、撞击伤等，一般为继发病，如支气管肺炎，胸部食道穿孔，犬的结核病、传染性肝炎、钩端螺旋体病等。过劳、寒冷刺激，降低机体防御能力，病原侵入是本病的诱因。

【症状】患犬常取坐姿，有的病犬站多卧少，体温升高，呼吸浅表，腹式呼吸，烦躁不安，疼痛性咳嗽，拒绝胸壁检查。叩诊时，听到随体位改变的水平浊音，并能听到胸膜摩擦音。当慢性腹

膜炎时，肺泡呼吸音减弱，呼吸迫促，反复发热。本病的诊断，根据临床特征，结合X线检查可确诊。

【防治】氨苄青霉素每千克体重15~20毫克，一次静脉注射，一天3次，连用2~3天。氯霉素每千克体重50毫克，一次肌内注射，一天2次，连用2~3天。去除胸腔液体，可用速尿每千克体重2~4毫克，一次口服，一天2次，连用1~2天。制止渗出物可用10%葡萄糖酸钙20~50毫升，一次静脉注射。

十五、心肌炎

本病是由于多种疾病继发所致，临床上以脉搏快速、心悸亢进、心音高朗、昏迷、突然死亡为特征。

【病因】某些传染病，如犬瘟热、钩端螺旋体病、结核病等的过程中均可并发急性心肌炎。犬细小病毒可引起犬慢性心肌变性。当寄生虫病、脓毒败血症、毒物中毒的经过中以及严重贫血，均可发生心肌炎和心肌变性。

【症状】本病开始以心肌兴奋，脉搏快速而充实、心悸亢进、心音高朗。当冠状循环障碍和心肌变性时，脉搏增强，第二心音减弱，伴发收缩期杂音，常听到期前收缩和心律不齐。严重的心肌炎可出现全身衰弱、震颤、昏迷、突然死亡。慢性心肌炎呈周期性心脏衰弱，体表浮肿，病犬运动后，出现呼吸困难，可视黏膜发绀，脉搏加快，节律不齐。本病的诊断，根据临床病状及心电图检查进行综合判断，再根据犬运动后心跳次数变化来诊断。诊断的指标和方法，先让犬在安静时测其心跳数，然后令犬运动5分钟，停止运动2~3分钟，再测心跳，健康犬在3分钟内完全恢复正常心跳数。病犬心跳数不能恢复正常数。

【防治】首先对原发病的预防和治疗。对本病以减少心脏负担，减少过量运动，少喂多餐，给予易消化富有营养和维生素的食物，抗感染及对症治疗。

维生素 B_1 每千克体重30毫克一次喂服，一天1次，连用3~5天。维生素C每千克体重50毫克，一次喂服，一天1次，连用7~

14 天。青霉素每千克体重 10 万单位，一次肌内注射，一天 2 次，连用 7 天。

十六、尿道感染

本病是由于尿道黏膜损伤病原菌感染所致，临床上以排尿痛苦，尿液呈断续排出，排尿口肿胀为特征。母犬发病比公犬多。

【病因】导尿管消毒不严感染尿道，粗暴导尿损伤尿道黏膜而继发感染。临近器官炎症的蔓延，如阴道炎、包皮炎、子宫内膜炎、膀胱炎等。

【症状】病犬常表现排尿疼痛，尿液呈断续排出，公犬尿道肿胀，母犬在阴道内的尿道口红肿，严重时可见到黏液性和脓性分泌物排出。

尿沉渣检查有大量的尿道上皮、红细胞、白细胞以及脓细胞。本病的诊断根据临床症状和尿液检查，可以确诊。

【防治】严格消毒导尿管，细心使用导尿管，抓紧对临近器官疾病的治疗。

0.1% 利凡诺溶液冲洗尿道，一天 1 ~ 2 次，连用 2 ~ 3 天。呋喃坦锭每千克体重 5 ~ 8 毫克，一次喂服，一天 2 ~ 3 次，连用 2 ~ 3 天。青霉素每千克体重 10 万单位，链霉素每千克体重 25 毫克，两药一次肌内注射，一天 2 次，连用 2 ~ 3 天。

十七、肾炎

本病是由于病原菌感染、中毒性疾病、某些传染病继发所致，临床上以口渴、多食、腹泻脱水、尿中毒为特征。母犬患病比公犬多。

【病因】大肠杆菌、变形杆菌、葡萄球菌等，通过泌尿道上行性感染而引起。某些中毒性疾病，继发于犬瘟热、犬钩端螺旋体病、结核病等毒素作用于肾脏引起。临近器官的炎症蔓延而引起感染本病。

【症状】病初一般无明显症状，本病早期有口渴、多饮水、想吃食，腹泻呕吐，多尿，迅速消瘦、晚期无尿，呈现尿中毒症状，肌肉震颤，口有臭气。

尿检查，尿比重增加，有少量蛋白，颗粒管型，有肾上皮细胞、红细胞、白细胞以及病原菌。

【防治】消除病因，加强护理，消炎利尿对症治疗。给病犬营养丰富易消化的乳及乳制品，控制内食和食盐摄入量。

消炎用青霉素每千克体重 10 万单位，一次肌内注射，一天 2 次，连用 5 ~7 天。链霉素每千克体重 25 毫克，一次肌内注射，一天 2 次，连用 3 ~5 天。丁胺卡那霉素每千克体重 5 ~10 毫克，一次肌内注射，一天 2 次，连用 3 ~5 天。硫酸多黏菌素 B 每千克体重 1 ~2 毫克，一次肌内注射，一天 2 次，连用 2 ~3 天。出现尿中毒时，5% 碳酸氢钠 20 ~50 毫升，一次静脉注射。有明显水肿，可选用速尿 10 ~15 毫克，一次口服或静脉注射，一次 2 ~3 天，连用 1 ~2 天。

十八、膀胱炎

本病是由于病原微生物进入膀胱所致，临床上以频频排尿，排尿疼痛，尿中含有大量膀胱上皮为特征。

【病因】用不清洁的导尿管导尿，带入大肠杆菌、变形杆菌等感染膀胱。尿结石损伤膀胱黏膜。由于尿滞留分解形成氨和有害物质刺激黏膜。肾炎、输尿管炎、尿道感染、阴道炎、子宫内膜炎等炎症蔓延至膀胱。某些药物、传染病等均可继发本病。

【症状】病犬频频排尿，但每次排出少量尿，排尿时疼痛不安。尿有氨味，颜色发暗，含有絮状物，尿黏稠。实验室检查，尿呈碱性或中性。尿沉渣中含有大量膀胱上皮、磷酸盐结晶、红细胞、白细胞，严重病例有各种细菌和尿蛋白。公犬常见阴茎勃起。本病的诊断，根据临床症状和尿沉渣有大量膀胱上皮，可以确诊。

【防治】对原发病抓紧治疗和休息。在膀胱部位，可进行热敷，用导尿管冲洗膀胱，0.1% 利凡诺 100 ~200 毫升，一次冲入膀胱内停10～20分钟放出，再注入50～100毫升，放在膀胱内，一天冲洗1次，连用3～5天。青霉素每千克体重10万单位，链霉素25毫克，两药一次肌内注射，一天2次，连用5～7天。

十九、尿结石

本病是由多种原因使尿中无机盐析出所致。临床上以肾区疼痛，弓背缩腹，屡作排尿姿势，无尿或尿淋漓为特征。

【病因】本病病因很多，一般有以下几种。

长期喂含钙剂的水或含钙质高的食物，致使尿中钙盐浓度增高而积聚在肾、膀胱、尿道。

长期不愿饮水的犬多发。食物中维生素A或胡萝卜素不足或缺乏。可引起中枢神经系统机能紊乱，导致盐类调节机能障碍，促进尿结石的形成。

肾脏及尿路感染，尿中的细菌、炎症产物可形成结石的核心。

【症状】当结石数量少，呈圆形，一般在临床上不显症状。当结石数量多，呈菱形、三角形、或超过尿道内径时刺激、完全或不完全阻塞，出现明显的临床症状。

肾结石，并有血尿，当结石移行时，引起短时间的腹痛，病犬行步强拘，步态紧张，大声嚎叫，弓腰，常作排尿姿势，腹部耻骨前缘触诊，膀胱空虚。

膀胱结石，频尿、血尿，腹痛，当结石阻塞在膀胱颈部时，有疼痛性排尿困难，频频排尿姿势，但尿量少或无尿排出。在腹部耻骨前缘压诊膀胱敏感，但无尿排出。较大的膀胱结石，在腹部能触摸到膀胱内的结石。

尿道结石，频频排尿，尿淋沥，有时排出血尿，手触摸阴茎时，在阻塞上方粗大有热感和波动感。手压阻塞物病犬嚎叫。当完全阻塞时，病犬弓腰缩腹，屡作排尿姿势，但无尿排出，腹部耻骨前缘触诊，可触知膨大的膀胱。手伸入直肠触诊，亦发现充满的膀胱。

【防治】患尿结石的犬，每天灌服500～1 000毫升的温开水，

可稀释尿液、减少晶体沉淀、冲洗尿路和排出微小结石。对较大的结石，停留在膀胱内或完全阻塞尿道，要施行膀胱和尿道手术，取出结石。对肾结石可用中药治疗。

海金沙5克，金钱草8克，萹蓄5克，瞿麦3克，酒知母2克，酒黄柏2克，延胡索4克，甘草2克，滑石2克，木通2克，煎水温后灌服。

二十、脑炎

本病是由于脑部创伤、邻近器官化脓性病灶波及、脓毒血症等所致，临床上以兴奋抑制、动作不协调为特征。

【病因】脑部受到创伤、邻近器官疾病，如中耳炎等，败血症、脓毒血症经血行性转移所致，中毒性疾病，某些传染病，如犬瘟热等。

【症状】高度兴奋、行为异常，前进后退，转圈运动，触摸体表，发生嚎叫，对人有攻击，兴奋时间长短不一，有时兴奋抑制交替发生。抑制时倒地不起，颈部僵硬，四肢作似游泳势，瞳孔缩小，结膜充血，视力减退或消失，眼球震荡与斜视、耳肌痉挛、牙关紧闭。末期昏厥，陷入昏睡，严重病例死亡。

【防治】病毒性脑炎，到目前为止尚无特效药物治疗。细菌性脑炎，用氯霉素每千克体重10～30毫克，一次静脉注射或肌内注射，一天1次，连用2～3天。脊髓膜炎，用氨苄青霉素每千克体重5～10毫克，一次静脉或肌内注射，一天1次，连用2～3天。庆大霉素每千克体重2～5毫克，一次肌内注射，一天1次，连用2～3天。

当病犬狂躁不安，用氯丙嗪每千克体重1～2毫克，一次静脉或肌内注射。降低脑颅压及消除水肿，用20%甘露醇50～100毫升，一次静脉注射。

将病犬放置在阴凉通风处，犬舍保持安静，光线要暗，给予牛奶、鸡蛋、肉汤、含有绿色的菜汤等易消化富有营养的食物。

二十一、中暑

中暑是犬在高温环境下因“热”作用而发生的一种急性疾病。按发病机制和临床表现不同分为热痉挛、热衰竭和热射病3种类型，临床上常以多种征候群并存。

【病因】本病由于高温天气，藏獒不能及时补充水、盐或因失水和失盐，致使血容量减少影响散热而发生中暑。营养不良、急性感染等影响机体热适应功能也可引起中暑。

【症状】病初表现四肢无力，走路摇晃、嗜睡、呕吐、尿黄、食欲降低或废绝，体温39.5～41℃或更高。中枢神经系统症状是本病的突出表现，病犬有不同程度的意识障碍，抽搐，严重者瞳孔散大或缩小，呼吸困难，心跳加快。热痉挛型病犬体液水、钠代谢失衡；热射病型出现脑回弥散性点状出血、脑水肿或弥散性血管内凝血；热衰竭型出现心肌出血、坏死。

【诊断】根据病史及临床症状可以确诊。

【治疗】用冰块敷于病犬头部、腹部和背部。根据病理变化程度静脉输入不同剂量的复方氯化钠注射液、5%碳酸氢钠注射液、10%氯化钠注射液、维生素C注射液等。对出现弥散性血管内凝血的病犬，为了改善微循环障碍，投予多巴胺或肝素。有脑水肿征候的犬静脉滴注20%甘露醇注射液，心力衰竭严重的犬要采用输氧疗法。

二十二、佝偻病

本病是由于幼犬发育期软骨内骨化障碍的一种营养不良症，主要是食物中钙磷缺乏及钙磷比例失调［正常二者比例应（1～2）：1］所致，临床上以消化紊乱，异食癖，四肢弯曲为特征。

【病因】长期饲喂缺乏维生素D的食物，冬季没有照射到日光，钙磷比例失调，小肠内氢离子浓度增高，慢性肠卡他，肠道寄生虫等，引起成骨细胞钙化不全，使软骨肥大和骨骼增大而暂时性

钙化作用衰竭所致。

【症状】常见于1~3月龄的幼犬，主要表现消化紊乱，异食癖、跛行，面骨、四肢关节弯曲和肿胀，肋骨弯形，肋骨与肋软骨连接呈算盘珠一样，所谓佝偻病念珠。病犬易骨折，生龋齿，站立困难。

血液生化检查，血清钙、磷降低，碱性磷酸酶活性明显增高。X射线检查，骨端不规则及骨化不全。本病的诊断，根据临床症状，血清钙、磷检查，X射线检查，可以确诊。

【防治】饲喂富含有维生素D和钙磷的食物，冬季多晒太阳。饲料中加鱼肝油，每天每只幼犬5~15毫升，连喂10~15天，同时喂钙素母片，每次1~2片，一天3次，连喂30天。

第五节 藏獒外科病的防治

一、创伤

创伤是因各种机械性外力作用于机体组织或器官而引起的软组织开放性损伤。

【病因】犬的创伤多由互相撕咬争斗而致的咬创和裂创；尖锐物体可形成刺创；由锐利的刀片等或砍劈类物体能发生切创或砍创；由钝性物打击则形成挫创；由车轮碾压或重物挤压而形成压创。

【症状】伤后经过时间较短的创伤称新鲜创。发生创伤后一般都有如下特点。

第一，有裂开的伤口，形成创围、创缘、创壁、创腔、创口。

第二，出血及组织液外流，根据损伤血管的种类不同，可分为动脉、静脉、毛细血管和实质性出血，临床上多为混合性出血。

第三，创伤疼痛，疼痛的程度取决于损伤部位，损伤部位神经分布越密集则疼痛越重。

第四，有些创伤可引起运动失调或麻痹等机能障碍。

第五，较严重创伤可引起全身反应。伤后经过时间较长的创伤称陈旧创。根据有无感染可分为感染创、污染创、保菌创等。感染创一般有明显的脓汁从创口流出或者在创面上形成脓痂。感染创有时可出现体温升高和白细胞增数等全身症状。

【治疗】创伤治疗的一般原则是：对于严重创伤要注意抗休克措施，如镇痛、补液等，同时要使用抗生素预防化脓性感染并积极进行局部治疗；对于创伤要消除影响创伤愈合的因素，如最大限度消除创内坏死组织、异物、血凝块和各种分泌物，保持创伤安静、改善局部血液循环，提高受伤组织的再生能力等。对创伤治疗的基本方法和技术分述如下。

（1）创围清洁法　先用灭菌纱布覆盖创面，防止异物和清洗液进入创腔。用毛剪剪去创围被毛，再用70%酒精棉球反复擦拭靠近创缘的皮肤；离创缘较远的皮肤可用肥皂水或0.1%新洁尔灭等消毒液清洗干净，用5%碘酊以5分钟间隔两次涂擦创面，注意要以从创缘向外画圈的方式涂擦。

（2）创面清洁法　揭去纱布块，用镊子除去创腔内一切可见的异物，血凝块、脓痂等，再用清洗液反复冲洗创腔，用灭菌纱布块吸去创腔内残存液体。

（3）清创手术　用外科手术的方法将创内坏死、失活组织切除或剪除，消灭创囊、凹壁、扩大创口，保持排液通畅，力争使污染创变形似无菌手术创，争取创伤取第一期愈合，即最理想的经7天左右即可完成的愈合。

（4）创伤用药　对于新鲜污染创，可选用青霉素粉、磺胺硼酸（1：1）粉、碘仿磺胺（1：9）粉、磺仿硼酸（1：9）粉等撒布创腔内。对于化脓创，可选用磺胺碘仿甘油（7：5：100）、磺胺脲素（95：5）、白糖粉等。当化脓基本停止、创腔内有新生的肉芽组织再生时，可选用碘仿凡士林（5：95）、鱼肝油凡士林（1：1）、碘仿凡士林蓖麻油（3：20：10）、鱼肝油磺胺嘧啶水杨酸（86：10：4）、紫药水、碘仿鱼肝油（1：9）水杨酸氧化锌软膏（4：96）等。

（5）创伤缝合法　犬的创伤在经清创术后多数可密闭缝合。应注意只有当创缘较整齐、创腔内无明显坏死组织、无异物、局部血循环良好时才可密闭缝合。当清创术无法彻底消除时，可进行部分缝合，即在创口下角留一排液口，利于创液排出。有的还可对创口进行疏散的结节缝合，以减少创口裂开。有的先用药物治疗 3～5 天，无创伤感染时再进行缝合。经初期密闭缝合的创口如出现剧烈疼痛、明显肿胀、体温升高时，应及时拆除部分或全部缝线，进行开放疗法。对肉芽创也可进行缝合，称二次缝合，它可加速创伤愈合，减少疤痕组织的形成。

（6）创伤引流法　适用于创道长、创腔深的创伤，目的是防止创腔内贮留创液。一般常用适当长短粗细的纱布条做引流物，可将纱布条浸以药液如青霉素溶液、20% 氯化钠液、20% 硫酸镁液等中性盐类高渗液等，用长镊子将纱布条两端分别夹住，将一端导入创底，另一端游离于创口下角。对于排液通畅的创伤不应做引流疗法；引流后渗出物减少时，可停止引流。

（7）创伤包扎法　当创内有大量脓汁，存在厌氧性、腐败性感染，以及创伤净化后出现良好肉芽组织的创伤，可不包扎实行开放疗法。对创伤做外科处理后，根据部位和创伤大小，选择适当大小的纱布块放在伤部，再覆上一层脱脂棉块，最后用绷带固定。创伤绷带的交换时间应根据具体情况决定。

（8）全身疗法　当受伤犬出现明显全身症状时，必须进行全身治疗。对严重污染的较大新鲜创应全身应用抗生素，并进行输液、强心疗法，注射破伤风抗毒素或类毒素；对局部化脓剧烈的患犬，可静注 10% 氯化钙液和 5% 碳酸氢钠液。对严重创伤者必须注意加强饲养管理，补充含维生素的食品。

二、骨折

骨折是骨的完整性或连续性因外力作用或病理因素而遭受破坏的状态。在骨折的同时，常伴有周围软组织不同程度的损伤。藏獒的骨折常发生于四肢的长骨，肋骨、髋骨、脊柱，头颅也可发生骨折。根据骨折处皮肤或黏膜的完整性有无损伤分为开放性骨折和闭合性骨折，根据骨折的程度及形态分为不完全骨折和完全骨折，如果骨碎裂成2段（块）以上，称粉碎性骨折。

【病因】

（1）外伤性骨折　多因直接或间接暴力所引致。直接暴力是指各种机械外力直接作用而发生的骨折，如车辆冲撞、重物轧压、坠落、打击等，此种骨折多伴有周围软组织的严重损伤。间接暴力是指外力通过杠杆、传导或旋转作用而使远离作用点处发生骨折。如摔跌、奔跑、跳跃时扭闪、急停等，可发生四肢长骨、髋骨或腰椎的骨折。肌肉突然强烈收缩，也可导致肌肉附着处骨的撕裂。

（2）病理性骨折　是患骨质疾病的骨骼发生骨折，如患有骨髓炎、骨瘤、佝偻病、骨软症、妊娠后期等。处于病理状态下的骨骼疏松脆弱，应力抵抗降低，稍有外力作用，就可能引起骨折。

【症状】骨折特有的症状为变形、骨折两端移位，常见的有成角移位、纵轴移位、侧方移位、旋转移位等。患肢有缩短、弯曲、延长等异常姿势。其次是异常活动，骨折后在负重或被动运动时出现屈曲、旋转等异常活动，但肋骨、椎骨、干骺端等部位骨折时异常活动不明显。有骨摩擦音或骨摩擦感，但不全骨折时骨摩擦音不明显。骨折的其他症状还有出血、肿胀、疼痛和功能障碍。

【诊断】根据外伤和局部症状，一般不难诊断。如软组织挫伤或胀肿等严重时要进行X线检查，以清楚了解骨折的形状、移位情况、骨折后的愈合情况等。关节附近的骨折要同关节脱位相区别。X线摄片时一定要摄正、侧2个方位。此外，判断四肢骨骨折时，不能仅以跛行来判断。因为在犬不完全负重的情况下呈正常步态，而骨软症病犬，平时不表现跛行，一旦负重则跛行。所以，诊断时要注意病史调查及首次发病观察到的现象。

【治疗】骨折发生后最好原地救治。严重骨折伴有不同程度休克，或开放性骨折伴有大出血时，首先按内科疗法，维持内环境稳定，补给钙质和维生素A、维生素D等。在实施治疗方案前，要用敷料暂时压迫创伤部，在骨折部打夹板、绷带以限制其活动。对伴有关节脱位的骨折，在局部肿胀和肌肉收缩之前，应尽早进行脱位

关节的整复。

三、眼睑内翻

本病是由于眼睑缘瘢痕性收缩所致，临床上以眼睑缘向眼球方向内卷，睫毛刺激角膜为特征。

【病因】眼睑缘瘢痕性收缩、眼轮匝肌痉挛、角膜炎、角膜溃疡、异物及虹膜炎等剧烈疼痛等均可形成本病。

【症状】流泪、频频眨眼、眼睑痉挛、分泌物增多，角膜血管增粗、结膜充血。病程长可形成溃疡、角膜炎等。

【防治】本病主要做矫正眼睑内翻手术，同时治角膜炎和结膜炎。

四、结膜炎

本病是由于外伤、抽打、刺伤、风沙、酸、碱、烟雾所致，临床上以结膜充血、流泪、羞明、眼睑闭封为特征。

【病因】泪孔闭锁、结膜皱襞覆盖泪孔，引起流泪；泪孔位置异常，泪道不畅，外伤、刺伤、酸碱刺激、抽打、风沙，小型长毛犬，因其眼球较大，压迫泪孔和泪小管，泪液不能向鼻泪管排泄而出现单侧性或双侧性流泪。

【症状】眼结膜潮红、充血、羞明、流泪，泪液从眼缘溢出，内眼角下方可见到茶褐色泪痕，集聚成黏稠的分泌物，干涸时呈眼屎。有些病例，眼睑闭锁，精神不振，一般食欲正常或减少。本病的诊断，根据临床症状，可以确诊。

【防治】泪孔闭锁或被结膜皱襞覆盖时，切开或切除部分眼睑使泪孔通畅，1% 硼酸溶液冲洗泪小管，一天 2 ~ 3 次，连冲 5 天。对一般结膜炎，除去异物，用 2% 硼酸溶液冲洗后，涂上金霉素、四环素、土霉素眼药膏。维生素 B_2 2 片，一次喂服，一天 2 次，连喂 7 天。

五、角膜炎

本病是由于角膜创伤、无力、化学、感染等所致，临床上以大量流泪、角膜混浊为主要特征。本病通常分为表层性、色素性、深层性、溃疡性四种。

【病因】外伤损伤角膜，强酸、强碱刺激黏膜、石灰的烟雾、浓烟烈火损伤，病原性的感染，变态反应，角膜营养失调以及其他眼病的继发。

【症状】流泪、羞明、角膜充血，角膜混浊，视物模糊，当大面积溃疡时，角膜白斑翳，甚至造成角膜瘘管。当角膜穿孔时，房水急剧涌出，虹膜可被冲至伤口处，引起虹膜局部脱出、虹膜和角膜粘连、瞳孔缩小。本病的诊断，根据病因和临床症状，可以确诊。

【防治】复方氯化钠溶液冲洗。氯霉素眼药水滴眼，一天5~6次，连滴3~5天。四环素、金霉素、土霉素眼药膏涂于眼膜上。角膜混浊时，用甘汞1克。注射葡萄糖粉10克，混合均匀，分成60小包，每次吹1包，一天吹3次，连吹20天。亦可用地塞米松眼膏结膜囊内涂布，一天3次，连用数天。

六、外耳炎

本病是由于洗浴、游泳、外出作业，水进耳道，以及异物、昆虫、病原微生物所致，临床上以瘙痒、摇头、抓耳、嚎叫为特征。

【病因】游泳、淋浴、外出作业水进入耳道内并残留耳垢、泥土、昆虫等异物刺伤耳道皮肤，同时感染金黄色葡萄球菌、链球菌、假单胞菌、变形杆菌、皮屑芽孢杆菌、白色念珠菌、犬小芽孢菌以及真菌等。

耳疥螨寄生刺伤耳道皮肤。湿疹蔓延、变态反应等均能引起本病。

【症状】瘙痒、摇头、抓耳、嚎叫，头向一侧，颈部僵硬，眼

屎较多。耳道有大量黄色、巧克力色、深棕色油脂状分泌物，并发出异常臭味。有的病例分泌物阻塞耳道，听觉明显减弱。耳郭潮红、肿胀、发热，食欲不振。本病的诊断应根据病史，临床症状和耳垢的颜色、形状来诊断。

耳垢呈褐黑色鞋油状，多为葡萄球菌和糖疹癣感染。

耳垢易碎呈黄褐色，多为酵母菌或变形杆菌感染。

耳垢呈浅黄色水样脓性分泌物，并有臭气，多为假单胞菌感染。

耳垢形成干燥的鳞片状沉积物，紧粘于皮肤上，多为霉菌性外耳炎。当耳螨感染时，可在耳道内取皮屑，能镜检到螨虫。

【防治】小心剪去耳郭内和外耳道的被毛，除去耳垢、分泌物和痂皮。当耳垢很干涸时，可先滴入琥珀磺胺二氢钠，软化后再除去。最后用滴耳油滴入，一天 1～2 次。

七、皮炎

皮炎是指皮肤全层、特别是真皮层的炎症，临床上以红斑、丘疹、水疱、湿润、结痂、脱屑、疹痒和灼热感为特征。

【病因】皮炎的病因多种多样，大体上可分为非传染性和传染性两类。

（1）非传染性皮炎　直接接触刺激性物质，如热、X 线、日光（日光性皮炎）、酸、碱、杀虫剂、清洗剂、肥皂、致敏性物质（过敏性皮炎），以及机械性刺激等。此外，还有脂溢性皮炎、激素性皮炎、肢端舔触性皮炎。

（2）传染性皮炎　主要由细菌、病毒、真菌、寄生虫（毛囊虫、螨、蜱、虱、蚤）等所致。此外，还有血吸虫性皮炎、杆虫性皮炎、钩虫性皮炎等。

【症状】皮炎的共同症状，在皮肤上形成丘疹、水疱、脓疱、结节、鳞屑、痂皮、皲裂、糜烂、溃疡和瘢痕等皮肤损伤。在其经过中，常出现充血、肿胀、增温、发痒和疼痛等症状。由于致病原因不同，皮炎发生的部位和程度也有差异。

【诊断】根据临床症状及特征性病理组织学变化不难确诊。但要注意与其他原因所致的皮炎相鉴别。

【治疗】

（1）除去炎性刺激物　通常炎性刺激物较难发现，应注意在皮炎的初发部位查找病原。

（2）止痒并投予抗炎药物　可用肾上腺皮质激素，如泼尼松每千克体重 1 毫克、倍他米松 0.5 ~2 毫克或地塞米松 0.15 ~0.25 毫克，注射、涂布均可。也可皮下注射抗组胺药，涂搽鱼肝油软膏、10% 优乐散等。自配药物时，要注意软膏基质的选择，干性皮炎选用渗透性强的亲水软膏、亲水凡士林或吸水软膏等，湿润性重症皮炎选用非渗透性的油脂、液状石蜡或聚乙二醇软膏。

（3）日光性皮炎　复发前用黑墨汁涂抹患部，可防止复发。

（4）肢端舔触性皮炎　为防止舔触，给病犬戴口笼，用 X 线照射或外科切除患部。经常牵犬运动，尽可能矫正犬舔触患部的恶习。

（5）杆虫性皮炎　消毒犬舍。用肥皂水洗净皮肤后，涂搽 1% 反蛇磷，以 10 ~14 日间隔连涂 3 次。

八、荨麻疹

本病是由于机体受到变态反应原侵害所致，临床上以皮肤发生许多局限性扁平丘疹，发生快，消失也快为特征的疾病。

【病因】犬吃入鱼、虾、蟹、牛奶、使用青霉素 G、维生素 K、血清、疫苗、输血等引起本病。尚有胃肠功能紊乱、肝功能障碍等也可引起本病。

外界各种刺激，如吸血昆虫的叮咬、寒冷刺激、日光、热风、花粉以及植物性刺激。在上述多种因素作用下，机体受抗原或半抗原的作用，真皮血管和毛囊周围的肥大细胞释放出组织胺而发生的病理变化。此外，本病还与乙酰胆碱、激肽、5-羟色胺、纤维蛋白溶酶、前列腺素等生物活性物质有关。

【症状】无任何先兆，而突然出现瘙痒和界线明显的丘疹，但

消失也快，有的消失后再度发生，亦有一月或一年内发生多次。黏膜充血、水肿、呼吸迫促，脉搏快而细，胃肠功能紊乱等。本病的诊断，根据临床症状作出诊断。

【防治】首先查明致病原因并予以除去。盐酸苯海拉明每千克体重 2～4 毫克，一次口服，一天 2 次。5% 葡萄糖酸钙 20～50 毫升，一次静脉注射，每天 1 次，连用 2～3 天。阿托品每千克体重 0.05 毫克，一次肌内或皮下注射，一天 3 次。中药，葎草 500 克，剪毛涂患部。

附　　录

一、中国畜牧业协会犬业分会藏獒犬种标准

中国藏獒纯种登记管理暂行办法

中国畜牧业协会犬业分会

第一章　总　　则

第一条　为了加强中国藏獒（Chinese Tibetan Mastiff，CTM，下简称藏獒）管理，保护藏獒资源，推广纯种藏獒，提高藏獒质量，促进藏獒发展，受国务院畜牧行政主管部门委托，根据《种畜禽管理条例》制定本办法。

第二条　本办法所称中国藏獒是指原产于中国青藏高原，经牧民和爱犬者长期驯化饲养的高大勇猛、忠诚机智、性格刚毅的工作犬。

第三条　中国畜牧业协会犬业分会负责中国藏獒纯种登记工作，会员必须遵照本办法进行藏獒繁殖、登记和管理。

第四条　经登记的纯种藏獒后裔，经过鉴定颁发血统证书。

第二章　中国藏獒纯种规范

第五条　藏獒体形特征：藏獒属大型犬，身体结构粗壮匀称，肌肉发达有力，头尾平衡适度，动作敏捷矫健，从容自信，速度极快，并耐力持久。

第六条 藏獒生物学和行为特征：藏獒是喜欢食肉和带有腥味食物的杂食动物，耐严寒，不耐高温；听觉、嗅觉、触觉发达，视力、味觉较差；领域性强，善解人意，忠于主人，记忆力强；勇猛善斗，护卫性强，尚存野性，对陌生人具有攻击性。

第七条 藏獒头部：头大额宽，与身体结构匀称；两耳下垂，长宽比例接近；眼小呈杏仁形；嘴粗短丰满，微呈方形；颜面皮肤松厚；鼻和唇呈黑色，鼻形宽大，鼻孔圆形。

第八条 藏獒颈部：粗壮，颈毛丰厚，长短协调，颈下松弛下垂，形成环形皱褶。

第九条 藏獒躯体：藏獒背部平直，前后宽度基本一致，胸部宽厚，腹部平坦，臀部宽短。

第十条 藏獒尾大、毛长，卷于臀上，呈菊花状，下垂时尾尖卷曲。

第十一条 藏獒四肢粗壮直立，强劲有力，腕部角度适中，飞节坚实，爪呈虎爪形，掌肥大，步态匀称。

第十二条 藏獒毛长度为 8 ~ 30 厘米，按颈毛、尾毛、背毛、体毛、腿毛、脸毛的顺序递减；被毛呈双层，底层被毛细密柔软，外层被毛粗长。其毛色主要有：黑色，全身黑色，颈下方、胸前可有白色斑片（胸花）；铁包金，黑背，黄（或棕红）腿，两眼上方有 2 个黄（或棕红）圆点，称四眼，毛色齐，胸花小为佳；黄（或棕红）色，全身毛色为金黄、杏黄、草黄、橘黄、红棕，毛色齐，胸花小为佳；白色，全身雪白，鼻镜呈粉红色，无杂色为佳。

第十三条 藏獒体尺：体高，肩胛骨顶端到站立地面的垂直距离，雄性 65 厘米以上，雌性 60 厘米以上，高者并匀称为佳；体长，从肩关节到坐骨结节后缘距离，雄性 75 厘米以上，雌性 70 厘米以上，长者并匀称为佳；胸围，肩肋骨后角处量取胸部的垂直周径，雄性 80 厘米以上，雌性 75 厘米以上；管围，左前肢前骨上 1/3 处量取水平周径，雄性 16 厘米以上，雌性 15 厘米以上，粗者并匀称为佳。

第三章　中国藏獒综合等级评定

第十四条 外貌评定指标。

序号	项目	评定标准	标准分数
1	外貌	体形高大，体格强壮，结构匀称，肌肉发达，形态凶猛，长毛型的像雄狮，短毛型的像猛虎	15
2	头部	头大，额宽，鼻短，分狮头形和虎头形：狮头形外观似狮，额顶后部及脖周围长毛；虎头形外观似虎，毛短	15
3	眼睛	眼球为黑色，四眼型的眉心侧有对称的黄色圆点，杏仁形成三角形，大小适中。下眼底内红肉露出，吊眼为佳	5
4	耳朵	呈“V”字形，下垂，耳位低，紧贴犬头的两侧，两耳片要肥厚而形大，两耳的间距要宽	4
5	嘴	吊嘴，上嘴皮下吊，下嘴的下方长5~7厘米，牙齿整齐，咬合后，盖位至犬嘴的下颌，后部垂弯折；平嘴，上嘴皮未垂吊于犬嘴巴下方；包嘴，看似上下如包状，厚肉多。咬合有力，上下腭强壮	4
6	颈部	颈粗，长短适中，颈部皮肤吊有垂皮，被浓厚的毛覆盖，脖子下面左方各垂吊2条明显的皮带	4
7	胸部	胸部深阔发达，双腿间距要大，腰长而粗	4
8	前肢	粗壮直立且相互平行，肩位与地面垂直，上半部有饰毛	5
9	后肢	有力，肌肉发达，后膝关节角度适当，少许倾斜，脚跗关节低。从后观察其两肘垂直平行，后部长有5厘米左右的饰毛	5
10	体躯	躯体强壮，腰背宽平，胸部深至肘位，肋骨部分有弹性，躯体长度比身高长，髂骨节比肩胛骨峰部略高	5
11	脚趾	脚趾靠拢且大小适度，趾拱，垫厚而坚韧，各趾紧包，如虎爪状	5
12	尾巴	尾根粗，毛密长，正卷、菊花状或斜菊花状，呈于臀部上	10
13	背	背宽匀称为佳	4
14	步态	强壮有力，轻盈自如，快步行走时，后肢拖布样	5
15	被毛	躯体有密而长的被毛，底毛呈羊毛状，厚密，颈有肩部呈鬃毛状，尾毛浓密	10
合计			100

第十五条　行为特征评定指标。

序号	评定标准	标准分数
1	气质刚强，反应灵敏，勇猛善斗，忠于主人，生气勃勃	100分
2	气质刚强，反应灵敏，生气勃勃，绝不胆怯	90分
3	反应灵敏，性情温顺，勇猛度一般	80分
4	反应不够灵敏，没有勇猛度，领域性不强	70分
5	反应不灵敏，胆怯，走步站立不直，领域性不强	60分

第十六条 毛色评定指标。

序号	评定标准	标准分数
1	毛色纯正，色泽分明，油光发亮，无杂毛，毛长型，被毛长15~25厘米	100分
2	毛色纯正，色泽分明，无明显杂毛，油光发亮，胸花不超过手掌	90分
3	毛色纯正，油光发亮，胸、腹、背部有不明显的杂毛	80分
4	毛色有少许杂毛或四眼不明显	70分
5	毛色差，但头脸好，身体各部均匀	60分

注：藏獒的胸部允许出现小片白毛（胸花），以小者为佳

第十七条 体尺评定指标。

雄性藏獒/厘米				雌性藏獒/厘米				标准分数
肩高	体长	胸围	管围	肩高	体长	胸围	管围	
76	90	95	18	70	86	90	18	100分
70	85	90	17	66	78	85	17	90分
68	78	83	17	64	74	79	16	80分
66	76	81	16	62	72	77	16	70分
64	74	79	16	60	70	75	15	60分

注：如有一项在许可范围内向下浮动不超过2厘米，仍按本标准给分，如低于标准2厘米的扣10分，如果评判一致认为此獒品质好，可以单给加10分。

第十八条 藏獒等级综合评定。

等级	总评分数	备注
特A	≥360分	单项指标必须达90分（含）以上，后裔30%以上A级，70%以上B级，不出现D级
A	330~359分	单项指标必须达80分以上，后裔50%以上B级，不出现D级
B	300~329分	单项指标必须达70分以上，后裔30%以上B级，90%以上C级
C	270~299分	单项指标必须达60分以上
D	240~269分	单项指标必须达60分以上

注：1. 不经后裔评定的藏獒不评特A级；2. 雄藏獒B级以下不能作种用；3. 雌藏獒C级建议不繁殖，D级不能繁殖。

第十九条 后裔评定。

成年藏獒后裔评定是根据其后代品质进行的。选择配偶应不低于被评定等级。

特 A 级：后裔 30% 以上 A 级，75% 以上 B 级，不出现等外。

A 级：后裔中 50% 在 B 级以上，但不得出现 D 级和等外。

B 级：后裔 30% 以上 B 级，90% 以上 C 级。

C 级：后裔 50% 为 C 级以上，个别为 D 级。

D 级：后裔 90% 以上为 D 级。

第四章 纯种藏獒登记方法

第二十条 组建中国藏獒纯种鉴定专家委员会，设主任委员 1 人，副主任委员和委员若干人，具体负责中国藏獒纯种鉴定工作。

第二十一条 鉴定地点为中国畜牧业协会犬业分会组织的各种有关活动场地，或规模较大的藏獒养殖场。

第二十二条 每次鉴定由专家打分，取其平均分，一般鉴定不能少于 5 位指定专家，较大活动不少于 7 位专家，涉及专家自己的藏獒，该专家要自觉回避。

第二十三条 任何单位和个人都必须服从专家组的鉴定和评级，专家组有权取消任何藏獒的鉴定和评级资格。

第二十四条 凡纯种藏獒必须埋植芯片，特优级藏獒必须采血提取 DNA 长期保留，其他藏獒自愿采血提取 DNA 长期保留。

第二十五条 凡纯种登记的藏獒变更主人、更名、死亡等都必须告知中国畜牧业协会犬业分会。

第五章 附 则

第二十六条 本办法自发布之日起实施。

第二十七条 本办法由中国畜牧业协会犬业分会负责解释。

二、美国藏獒协会制定的藏獒品种标准

美国藏獒协会由藏獒爱好者组成，旨在保护为世界所钟爱的东

方神犬——藏獒，加强对藏獒的选育、饲养和培育。在美国，藏獒协会绝不止一个，但其宗旨都会向美国人民介绍藏獒。通过举办犬展，进行犬业比赛，或者直接举办专门的藏獒比赛，唤起人们关心、热爱藏獒。

1. 美国藏獒协会于1999年所作的藏獒简介

藏獒具有多数其他犬品种不具有的特性，但藏獒仍是一个原始的犬品种，以母犬每年只发情一次为标志。但总的来说，藏獒是低变异性的，它们也缺乏通常的“狗狗味”。

藏獒全年保持双层被毛，除春天和夏天外，不会脱毛，脱毛一般持续4周。所以藏獒在一年中可以保持较长的保护毛，直到秋季内层毛开始生长。在脱毛期间，需要对犬进行定期规律的刷拭。

藏獒性成熟缓慢，母犬3~4岁成熟，公犬4~5岁性成熟。虽然每只犬有不同的个性，但总体上，它们是勇敢的犬，天生具有对家门和主人强烈的保护意识，性格刚毅。它们对不同的生活环境都能良好适应。藏獒对陌生人有强烈的敌意，它们有很高的智力和超常的记忆力，一旦认识了某人将几乎不会再忘记他。

藏獒作为一种大型犬，需要足够的空间活动和适当锻炼，它们在户外很活跃而在家里十分安静。由于几百年来藏獒被驯养用于看护牛羊等家畜，有发展作为“夜吠者”的趋向。藏獒是一个性情刚毅的品种，跟人或其他动物的适当接触，对藏獒进行适当调教，会有助于藏獒比较融洽的与人接触并生活在一起。但藏獒有时以咀嚼和挖掘而出名的。咀嚼是任何犬品种的幼犬在出牙时获得的一个习惯。咀嚼可以通过给幼犬提供一些安全无害的东西使藏獒的咀嚼习惯向无破坏的方向发展。挖洞更是藏獒特别喜爱的一种消遣活动，在家庭养犬条件下，必须设法阻遏这种行为。除非你有很多地方，可以放纵它们胡作非为。

正如前面提到的，藏獒是一个高度聪明的品种，具有从事多种功用的能力，但它也是一个几千年来自作主张的品种，天生的本能使它们能成为优秀的家园守卫者。它们对孩子很有耐心，它们是出色的家犬。当藏獒出现在赛场时，它们却是一道美丽的风景线，它们聪明而独立，从来不屑和易训练的品种相比较，但它们可以被驯服，它们警觉，独立性强，能作出正确的判断。

2. 美国藏獒协会标准 I

原产地：中国西藏。

（1）总体外貌：性格特点、气质、头和颅骨、颈、前躯、身体、后躯、步态、被毛、体尺、缺陷。

对藏獒总体外貌要求强壮有力，体格高大，独立。

A. 性格特点：藏獒是一种用作守卫防护的伴侣犬，性成熟缓慢，母犬 2 ~ 3 岁，公犬至少 4 岁时完全性成熟。

B. 气质（脾性）：独立而具有保护意识。

C. 头和颅骨：头宽大，枕骨和头顶的界限明确，从枕骨到额，与从额到鼻镜的比例相等。鼻稍短，鼻端部很宽，从不同的角度都可以观察到鼻饱满而方，鼻宽色美，鼻孔开张良好。

D. 眼睛：非常传神，大小适中，稍带褐色，呈椭圆形，稍有倾斜。

E. 耳朵：大小适中，呈三角形，下垂，耳位低，朝下垂吊并紧贴头部，警觉时耳根微微竖起，耳表面覆盖有柔软的短毛。

F. 嘴：剪刀状的嘴桶粗壮，开合有力；上下牙精密交搭并与腭相垂直，嘴形呈方形，嘴唇发育良好，下唇有皱褶，从两眼下方伸展，直到嘴角。

G. 颈：颈粗壮，呈拱形，颈下有垂皮，颈上长有密厚直立的鬃毛。

H. 前躯：肩部发育良好，肌肉发达，颈肌强健，前肢正直，粗壮，覆盖有短毛。

I. 中躯：背腰宽平，肌肉发达，臀部丰满，胸部宽深，肋骨有弹性，形成心形的肋骨笼，但老年犬体长稍大于体高。

J. 后躯：肌肉发育良好，后膝关节与跗关节坚强有力，发育正常，棱角明显，蹄大而厚实，趾间有短毛。

K. 尾：长度适中，高于飞节，从背部最高线生长，朝一侧卷曲，尾毛浓密。

L. 活动步态：步态稳健、灵活，步伐轻捷有弹性，速度快时步调一致，而散步时慢而随意。

M. 被毛：公犬被毛情况好于母犬，质量比数量更重要。正常情况下，在冷季十分长密的被毛在较温暖的月份变得非常稀疏，毛硬，直立，没有丝缠性，不卷曲，也不呈波浪形，被毛丰厚，颈和肩部被毛形成鬃状外形，尾和后臀部被毛浓密。

N. 颜色：由纯黑色、黑棕色、褐色、各种金黄色、灰色、棕褐色和灰色带金黄斑色。胸部白心是容许的，爪上也可以有极少量的白毛，眼睛上部、四肢下部和尾下呈棕褐色或金黄色。

O. 体高：公犬最低 66 厘米（26 英寸），母犬最低 61 厘米（24 英寸）。

（2）缺陷

A. 任何与前面谈到的条件不相符均被认为缺陷，严重的程度应完全与缺陷的程度相一致。

B. 不合格：蓝眼睛或单只蓝眼睛均被认为不合格。

C. 公犬应有两个完全正常的睾丸，单睾或隐睾是有缺陷的，应淘汰。

3. 美国藏獒协会藏獒标准Ⅱ

概貌：藏獒兼有结实的体格和卓越优雅的力量，这些和它的冷漠、忍耐性以及聪明的表情一起，被描述有权势而不呆板，威严而不粗野，敏捷而不鲁莽。在严酷的条件下，这种具有一定结构和功能的藏獒，作为主要的保护者，拥有敏捷和极大的忍耐力。

藏獒明显的特征是与丰厚的颈毛融为一体的头部轮廓，着生有浓密的体毛的尾巴卷曲在背部，随意而有力地摆动着。

威严高贵的姿势，种质，体态结构，力量和对称性的全部外表，完全是一个典型藏獒的整体图画。

A. 头部：头部有明显的特征，结构匀称，比例协调，呈三角形。从前面看，像熊的头形，而耳朵是下垂的。

① 头颅：头颅宽大，头顶部呈拱形，有一轻微的沟槽，从头顶顶部延伸到头骨的中部，并与枕骨结合，发育良好。

② 嘴笼：嘴宽深，与头成比例，更显出藏獒像熊的特点。嘴应既不粗糙，又不长，颌壮，但不如颊显著。从头顶到鼻端的比例不超过从头顶到枕部的比例。

③ 唇：上唇边缘圆而厚，覆盖着下唇。藏獒的下唇不是很发达，有一皱褶，使下牙床裸露。唇后面有犬特殊的液体分泌腺（呈蓝灰色、棕色等），其可能与被毛的颜色有关，但有斑点或肉色的为不合格。

④ 鼻：鼻应宽大，鼻镜湿润。

⑤ 牙齿与咬合：牙齿大，洁白，正确位置的牙齿形成一个合适的剪刀状的咬合。水平咬合是可以接受的，但不是最好的。下颌突出，使下颌比上颌突出的咬合为不合格。

⑥ 眼睛：大小适中，位置恰当，眼睛边缘有轻微的倾斜，杏仁状。眼睛的颜色是琥珀色到深棕色。有斑点或肉色的眼睛不合格。

⑦ 耳朵：耳朵下垂，大小适中，"V"形，耳尖圆形，耳朵紧贴颅面，当处于警戒状态时，而能稍微向前竖起。成熟犬，从眼睛外角到嘴角有明显的皱褶，随着年龄的增长，皱褶更加明显。

B. 外形：身体强健，十分匀称。颈强壮有力，肌肉丰满，长度适中，呈现出一个颈峰。当犬在警觉状态时，令人产生勇敢和尊严的感觉，颈与肩融为一体，成熟的藏獒应当颈下有垂皮，而公犬颈下的垂皮应更明显；背肌肉发达，背腰宽平，紧凑。胸宽深，前胸可延伸到肘部。体长大于体高，体长与体高的比为 10∶9。肋骨发育良好，体侧微呈拱形。腰肌发达，成熟的藏獒，腰部稍向上拱，但不明显。臀微有倾斜，到尾根处坡度是细微的，不会约束后躯的运动。尾毛长密，呈束状，向上微卷于臀上或腰上，当藏獒运动时尾是卷起来的，而休息时，有时是垂下的。尾也是藏獒的重要品种标志，松散，或像镶上去的加边旗帜，或卷曲非常紧以至形成双层卷曲而不能自然放松的尾巴，都被视为不合格。藏獒颈肩结合良好，肩与背呈 30°～50°，肌肉发育良好，不粗糙。腿强健，正直，骨骼粗大，但骨骼的结构多不良，以致影响自由敏捷的运动，太短太长的腿部是不良的，腿的长度从地面到肘部是鬐甲处总高的 50%～55%。系部，强健结实，轻微的倾斜，应有一定的柔韧性和弹性。脚爪（爪子）圆形，紧凑，拱形的趾，爪垫厚，坚韧，部分个体有残留趾。后躯强健有力，肌肉丰满，粗重而不粗糙。大腿发育良好，肌肉发达，从后面看，两腿在飞节处有轻微的拱形。后膝关节有平衡作用，坚强有弹性。飞节强韧，飞节以下两腿平行。

C. 被毛：藏獒有抗天气的双层被毛，外层被毛长度适中，布满全身。下层绒毛极其丰富，并与气候有关。当犬生活在较寒冷的气候条件下时，自然生长出大量的下层绒毛。但在夏天的几个月里，藏獒自然减少了下层绒毛生长的数量，这不会使其处于不利地位。脸部、头部和耳朵的被毛短而光滑。一层较长，多结构，厚密的被毛围绕颈部形成翎颌，从枕部、肩部一直到尾部，前腿和后肢跗关节以下的被毛，在一定程度上较长，后腿上有厚而多的被毛，尾毛长而密，形成一束。

D. 颜色：所有的颜色和变化都能被接受，白色斑点容许存在于所有的颜色中。

E. 步态：运动中的藏獒呈现出自由有力的步态。运动是犬在耐力和敏捷下越过变化的地形的能力，这种有弹性而灵活的步态证实了犬后腿和前腿能够很好地扩展及从走到小跑的运动过程，藏獒留下了单一的踪迹。该犬品种在任何运动中都能确保身体的平衡和体形。

F. 体尺：成年犬肩胛处最低高度为63.5厘米（25英寸），平均范围为63.5~71.1厘米（25~28英寸）。成年母犬肩胛处最低距离为61厘米（24英寸），平均范围为61~66厘米（24~26英寸）。不考虑体尺，在评估藏獒时，应当首先考虑坚实度、比例和平衡。

G. 气质：藏獒是一个机灵、聪明、忠诚的工作伴侣。具有保护的本能和天生的敏感性，是古代家畜饲养中典型的护卫者。它们有好的性情，活泼而不过度。虽然自然地怀疑陌生人，但当有响动时，它们有义务去对待。无反应的、没有挑衅性或不能控制的去攻击，或极度的紧张或胆怯，都是不合格的，必须淘汰。胆怯的犬在受到攻击或诱导犬去攻击任何人时，犬会惧怕接近或反复拒绝站立。

参考文献

[1] 崔泰保，郭宪．中国藏獒．上海：上海科学技术出版社，2010.

[2] 倪正．藏獒，远去的藏地山狗．敦煌：敦煌文艺出版社，2009.

[3] 崔泰保．藏獒的选择与养殖．北京：金盾出版社，2003.

[4] 唐秀华，王祥生，孙国宾．藏獒．北京：中国农业出版社，2008.

[5] 崔泰保．比较藏獒学．北京：中国书籍出版社，2008.

[6] 王晓，吴建春．中华神犬藏獒．陕西：陕西科学技术出版社，2008.

[7] 王春璈，阎青．养犬与犬病防治．济南：山东科学技术出版社，1999.